几类非线性问题
解析结果的构造与分析

Construction and Analysis of
Analytical Results for
Several Kinds of Nonlinear Problems

◎ 王春艳 著

西安交通大学出版社
XI'AN JIAOTONG UNIVERSITY PRESS

国 家 一 级 出 版 社
全国百佳图书出版单位

图书在版编目(CIP)数据

几类非线性问题解析结果的构造与分析 / 王春艳著. —
西安：西安交通大学出版社，2022.12
ISBN 978-7-5693-2525-6

Ⅰ. ①几… Ⅱ. ①王… Ⅲ. ①非线性-研究
Ⅳ. ①O151.2

中国版本图书馆 CIP 数据核字(2021)第 278036 号

书　　名	几类非线性问题解析结果的构造与分析
	JILEI FEIXIANXING WENTI JIEXI JIEGUO DE GOUZAO YU FENXI
著　　者	王春艳
责任编辑	刘雅洁
责任校对	李　佳
装帧设计	伍　胜
出版发行	西安交通大学出版社
	(西安市兴庆南路 1 号　邮政编码 710048)
网　　址	http://www.xjtupress.com
电　　话	(029)82668357　82667874(市场营销中心)
	(029)82668315(总编办)
传　　真	(029)82668280
印　　刷	西安五星印刷有限公司
开　　本	700mm×1000mm　1/16　　印张　8.625　　字数　106 千字
版次印次	2022 年 12 月第 1 版　　2023 年 2 月第 1 次印刷
书　　号	ISBN 978-7-5693-2525-6
定　　价	52.00 元

发现印装质量问题，请与本社市场营销中心联系。
订购热线：(029)82665248　(029)82667874
投稿热线：(029)82664954
读者信箱：85780210@qq.com

前　言

　　基于力学和物理学的研究,衍生出了许多非线性偏微分方程,而求解这些方程是目前数学面临的众多挑战之一。因此,非线性偏微分方程的求解是非线性科学研究中的核心问题之一。事实上,能够获得一个新的非线性问题的解析解总是令人欣喜的,但非线性偏微分方程的种类繁多,加上非线性偏微分方程自身的复杂性,根本无法找出统一的求解方法。随着科技的快速发展,大量新的偏微分方程不断从各学科中涌现,又急待求解。如果精确解或者渐近解能够求出,其价值是非常重大的。第一,可以对实际问题给出明确的解释;第二,可以对相应的数值模拟以及实验数据作出恰当评价。

　　针对各种不同类型的非线性方程,人们目前已经建立和发展了许多各具特色的求解方法,如反散射方法[1]、达布变换方法[2]、非线性变换法[3]、雅克比椭圆函数展开法[4]、齐次平衡法[5]、混合指数法[6]等,并且得到了许多非线性方程的解析解。尽管如此,仍有大量的具有实际背景的非线性问题急需求出解析解,已有的方法对这许多方程并不适用或者即使适用得到的解的类型也非常有限。因此,继续研究求解非线性方程的有效方法,以及求出以往各种方法没能给出的某些类型的新解,是非线性科学领域的重要目标之一。近年来,刘成仕教授先后提出了四个非常有效的非线性分析方法,分别是多项式完全判别系统法[7]、试探方程法[8]、基于泰勒展开式的重正化法[9]和同伦重正化法[9-10]。其中,多项式完全判别系统法对于能化成初等积分形式的方程,可以求出它的所有单行波解并且进行分类;试探方程法对于不能直接化成初等积分形式的方程,可从中分离出可积的子方程来,从而得到它部分的行波解;基于泰勒展开式的重正化方法奠定了重正化群方法及其几何解释的严格数学基础;而同伦重正化方法更是克服了传统的重正化群方法的弱点,用以处理非微扰问题等。

本书针对非线性问题展开了系统的研究。全书共分四章。第 1 章利用多项式完全判别系统法研究非线性发展方程精确解的构造[7]。这章共三节:第 1 节,介绍了多项式完全判别系统法,并具体介绍了二阶至五阶的多项式完全判别系统法;第 2 节在参数取不同数值时,分别应用二阶、三阶、四阶和五阶多项式完全判别系统法求得了 $K(m,n)$ 方程的精确解并进行了很好的分类[11-14];第 3 节求得了 Camassa-Holm-Degasperis-Procesi (CH – DP)方程全部精确解的分类[15],发现 CH – DP 方程除光滑解之外,还存在一类具有奇异性的行波解——尖峰孤立子、尖角孤立子、平坡子和复合波。第 2 章,我们利用试探方程法研究了 Bretherton 方程和变形 Boussinesq 方程的单行波解。第 3 章共分三节:第 1 节介绍了基于泰勒展开式的重正化(TR)方法[9];第 2 节利用 TR 方法得出了生物学中的阻尼 Fisher 问题[16]的一致有效渐近解析解,并给出随参数变化时解的各种形态[17];第 3 节利用 TR 方法研究了工程力学中受到外界扰动的杆振动问题[18],构造出了它的一致有效的近似解析解[17]。分析表明,与其他的摄动方法相比,本章采用的方法更简捷有效。第 4 章共分四节:第 1 节介绍了同伦重正化方法(HTR)[9];第 2 节对修正的 Boussinesq 方程[19]构造了适当的同伦方程,利用 HTR 方法得到了它的大范围渐近解[17];第 3 节研究了同时带有三次和五次非线性项的薛定谔(Schrödinger)方程[20],采用多项式完全判别系统法和 HTR 方法相结合,给出同时带有三次和五次非线性项的薛定谔方程渐近解的分类[17,21]，本章的结果中包含了 Avelar 等人在文献中已有的结果且以其为特例，因而更具一般性；第 4 节考虑了三种无穷大旋转平板边界层问题，这些问题的特点是非线性、高维数，以及复杂的边界条件。第 4 节首先研究了 Schlichting 边界层问题[22]。一直以来人们都热衷于这个问题物理解的研究，我们通过构造适当的同伦方程，利用 HTR 方法获得了它的物理解[17,23]。其次，研究了高雷诺数下无穷大旋转圆盘边界层问题[24]。利用 HTR 方法，给出了方程的大范围渐近解，并通过不同参数下函数的图像分析了解的周期性和渐近性[17]。最后，研究了修正 Von Karman 问题[25]，利用边界条件构造出了初始同伦方程，采用 HTR 方法获得了修正 Von Karman 问题的大范围近似解析解[17,26]。数值分析结果表明，本章的渐近解精度很高，绝对误差小于 0.04，证明了该解析解与数值解符合得非常好，体现了方法的优越性和结果的实用性。

本书由黑龙江省省属本科高校基本科研业务费东北石油大学引导性创新基金"利用同伦重正化理论对边界层及纳米流问题的渐进分析"（项目编号：2019YDL-06）及黑龙江省教育科学规划 2020 年度重点课题"人工智能背景下概率统计课程内容的重构"（课题批准号：GJB1320042）资助出版。

鉴于笔者学识有限，文中不足和疏漏之处在所难免，恳请同行专家、社会各界人士不吝赐教，给予宝贵意见。

著　者

2022 年 9 月

目　录

第1章　多项式完全判别系统法及其应用

1.1　多项式完全判别系统法简介

多项式的完全判别系统是由其系数构成的一组显式表达式,这组表达式可以对该多项式根的全部情况进行判定并给出分类。

一元二次多项式 $f(v) = av^2 + bv + c$ 的判别式为

$$\Delta = b^2 - 4ac \tag{1.1.1}$$

三阶多项式 $f(v) = v^3 + d_2 v^2 + d_1 v + d_0$ 的完全判别系统为[27]

$$\begin{cases} \Delta = -27\left(\dfrac{2d_2^3}{27} + d_0 - \dfrac{d_1 d_0}{3}\right)^2 - 4\left(d_1 - \dfrac{d_2^2}{3}\right)^3 \\ \\ D_1 = d_1 - \dfrac{d_2^2}{3} \end{cases} \tag{1.1.2}$$

四阶多项式 $f(v) = v^4 + pv^2 + qv + r$ 的完全判别系统为[27]

$$\begin{cases} D_1 = 4 \\ D_2 = -p \\ D_3 = -2p^3 + 8pr - 9q^2 \\ D_4 = -p^3 q^2 + 4p^4 r + 36pq^2 r - 32p^2 r^2 - \dfrac{27}{4}q^4 + 64r^3 \\ D_5 = 9p^2 - 32pq \end{cases} \tag{1.1.3}$$

五阶多项式 $f(v) = v^5 + pv^4 + qv^2 + rv + s$ 的完全判别系统为[27]

$$
\begin{cases}
D_2 = -p \\
D_3 = 40rp - 12p^3 - 45q^2 \\
D_4 = -4p^3q^2 + 12p^4r + 117pq^2r - 88p^2r^2 - 40qsp^2 - 27q^4 + \\
\qquad 160r^3 - 300qrs \\
D_5 = -1600qsr^3 - 3750pqs^3 + 2000ps^2r^2 - 4p^3q^2r^2 + 16p^3q^3s - 900rs^2p^3 + \\
\qquad 825p^2q^2s^2 + 144pq^2r^3 + 2250rq^2s^2 + 16p^4r^3 + 108p^5s^2 - 128r^4p^2 - \\
\qquad 27r^2q^4 + 108sq^5 + 256r^5 + 3125s^4 - 72rsqp^4 + 560sqr^2p^2 - 630prsq^3 \\
E_2 = 160r^2p^3 + 900q^2r^2 - 48rp^5 + 60rp^2q^2 + 1500pqrs + 16q^2p^4 - \\
\qquad 1100qsp^3 + 625s^2p^2 - 3375sq^3 \\
F_2 = 3q^2 - 8rp
\end{cases}
$$

$$(1.1.4)$$

2004 年,刘成仕教授提出了一个行之有效的求解非线性偏微分方程的方法——多项式完全判别系统法[7],正是利用多项式完全判别系统获得了方程所有单行波解并进行了分类。多项式完全判别系统法的主要思想如下:

设非线性微分方程的一般形式为

$$F(u, u_t, u_x, u_{xx}, u_{tt}, u_{xt}, \cdots) = 0 \qquad (1.1.5)$$

其中 F 是关于 $u, u_t, u_x, u_{xx}, u_{tt}, u_{xt}, \cdots$ 的多项式。作行波变换

$$u = u(\xi), \ \xi = k_1\theta_1 + k_2\theta_2 + \cdots + k_m\theta_m \qquad (1.1.6)$$

其中 $\theta_1, \theta_2, \cdots, \theta_m$ 是参数,原方程便可以约化为常微分方程,再通过有限次积分,一部分微分方程便可退化成如下形式的常微分方程,

$$u'(\xi) = G(u, \theta_1, \theta_2, \cdots, \theta_m) \qquad (1.1.7)$$

那么方程(1.1.6)的积分形式为

$$\xi - \xi_0 = \int \frac{\mathrm{d}u}{G(u, \theta_1, \theta_2, \cdots, \theta_m)} \qquad (1.1.8)$$

多项式完全判别系统法是求解偏微分方程行波解的一种非常有效且更加直接的方法。许多学者利用多项式完全判别系统法求解了大量的偏微分方程，得到了很多重要的结果，许多解还是用其他现有方法得不到的新解[28-34]。这些解形式丰富，不仅包含有理函数、孤子解，还包括椭圆、双曲、三角函数解。

　　本章将应用多项式完全判别系统法给出不同参数下 $K(m,n)$ 方程，以及 Camassa-Holm-Degasperis-Procesi 方程精确行波解的分类。

1.2　不同参数下 $K(m,n)$ 方程精确行波解的分类

　　本节讨论 $K(m,n)$ 方程的精确行波解的分类[11-14]，$K(m,n)$ 方程形式如下：

$$u_t + a(u^m)_x + (u^n)_{xxx} = 0 \qquad (1.2.1)$$

这里 m,n 是参数。为获得 $K(m,n)$ 方程的行波解，取变换 $u=u_\xi, \xi=x-kt$，则 $K(m,n)$ 方程退化成如下的常微分方程

$$-ku' + a(u^m)' + (u^n)''' = 0 \qquad (1.2.2)$$

积分一次，并令 $w=u^n$，有

$$-kw^{\frac{1}{n}} + aw^{\frac{m}{n}} + w'' + C_0 = 0 \qquad (1.2.3)$$

这里 C_0 是积分常数。两边同乘 w' 并且积分一次，可得

$$(w')^2 = 2k\frac{n}{n+1}w^{\frac{n+1}{n}} - 2a\frac{n}{m+1}w^{\frac{m+n}{n}} - 2C_0 w - 2C_1 \qquad (1.2.4)$$

这里 C_1 是积分常数。令 $w=u^n$，原方程解可由如下积分方程给出

$$\pm(\xi - \xi_0) = \int \frac{\mathrm{d}u}{\sqrt{\dfrac{2k}{n(n+1)}u^{3-n} - \dfrac{2a}{n(n+m)}u^{m-n+2} - \dfrac{2C_0}{n^2}u^{2-n} + C_1 u^{2-2n}}}$$

$$(1.2.5)$$

利用多项式完全判别系统,我们给出 m 和 n 取不同参数时,单行波解的分类。

1.2.1　分类 1($m=1$, $n=2$)

本小节讨论当 $m=1,n=2$ 时,$K(m,n)$ 方程的精确行波解的分类[11]。

情形 1　$C_1=0$,解为

$$u = \frac{k-a}{12}(\xi-\xi_0)^2 + \frac{3C_0}{2(k-a)} \tag{1.2.6}$$

情形 2　$C_1 \neq 0$,作变量代换 $t=\left(\dfrac{k-a}{3}\right)^{\frac{1}{3}}u$,可得

$$\pm \left(\frac{k-a}{3}\right)^{\frac{2}{3}}(\xi-\xi_0) = \int \frac{t\mathrm{d}t}{\sqrt{t^3+d_2t^2+d_0}} \tag{1.2.7}$$

这里 $d_2=-\dfrac{C_0}{2}\left(\dfrac{k-a}{3}\right)^{-\frac{2}{3}}$;$C_0$、$C_1$ 是任意常数。记 $F(t)=t^3+d_2t^2+d_0$,完全判别系统为

$$\begin{cases} \Delta = -27\left(\dfrac{2d_2^3}{27}+d_0-\dfrac{d_1d_0}{3}\right)^2 - 4\left(d_1-\dfrac{d_2^2}{3}\right)^3 \\[4mm] D = d_1-\dfrac{d_2^2}{3} \end{cases} \tag{1.2.8}$$

此时,相应的解有如下四种情形:

情形 2.1　$\Delta=0,D<0$,有 $F(t)=(t-\alpha)^2(t-\beta)$,这里 α、β 是两个实数,且 $\alpha \neq \beta$。

当 $\beta>\alpha$ 时,

$$\pm \frac{1}{2}\left(\frac{k-\alpha}{3}\right)^{\frac{2}{3}}(\xi-\xi_0) = \sqrt{\left(\frac{k-\alpha}{3}\right)^{\frac{1}{3}}u-\beta} - 2\sqrt{\frac{\beta}{3}}\arctan\frac{\sqrt{\left(\dfrac{k-\alpha}{3}\right)^{\frac{1}{3}}u-\beta}}{3\beta} \tag{1.2.9}$$

当 $\beta<\alpha$ 时

$$\pm\frac{1}{2}\left(\frac{k-\alpha}{3}\right)^{\frac{2}{3}}(\xi-\xi_0)=\sqrt{\left(\frac{k-\alpha}{3}\right)^{\frac{1}{3}}u-\beta}+\sqrt{-\frac{\beta}{3}}\ln\left|\frac{\sqrt{-3\beta}+\sqrt{\left(\frac{k-\alpha}{3}\right)^{\frac{1}{3}}u-\beta}}{\sqrt{-3\beta}-\sqrt{\left(\frac{k-\alpha}{3}\right)^{\frac{1}{3}}u-\beta}}\right|$$

$$(1.2.10)$$

情形 2.2　$\Delta=0, D=0$, 有 $F(t)=(t-\alpha)^3$, 相应的解为

$$u=2\left(\frac{k-\alpha}{3}\right)^{-\frac{1}{3}}\alpha+\frac{k-\alpha}{24}(\xi-\xi_0)^2\pm$$

$$\frac{1}{8}\left(\frac{k-\alpha}{3}\right)^{\frac{1}{3}}(\xi-\xi_0)\sqrt{\left(\frac{k-\alpha}{3}\right)^{\frac{4}{3}}(\xi-\xi_0)^2+16\alpha}\quad(1.2.11)$$

情形 2.3　$\Delta>0, D<0$, 有 $F(t)=(t-\alpha)(t-\beta)(t-\gamma)$。

情形 2.4　$\Delta<0$, 则有 $F(t)=(t-\alpha)(t^2+pt+q)$。

对于情形 2.3 和情形 2.4, 相应的解可由椭圆函数积分表示, 这里省略。

1.2.2　分类 2($m=1, n=3$)

本小节考虑当 $m=1, n=3$ 时, $K(m, n)$ 方程的精确行波解的分类[12]。

情形 1　$C_1=0$, 相应解为

$$\pm(\xi-\xi_0)=-\frac{4C_0}{(k-a)\sqrt{6(k-a)}}\arccos\frac{2C_0-3(k-a)u}{2C_0}(1.2.12)$$

情形 2　$C_1\neq0$, 作变量代换 $t=\left(\frac{k-a}{6}\right)^{\frac{1}{4}}\left(u+\frac{C_0}{3(a-k)}\right)$, 则解可由如下

积分给出

$$\pm\left(\frac{k-a}{6}\right)^{\frac{3}{4}}(\xi-\xi_0)=\int\frac{(t+b)^2\mathrm{d}t}{\sqrt{t^4+pt^2+qt+r}}\qquad(1.2.13)$$

这里, $p=\frac{1}{8}\left(-\frac{2C_0}{9}\right)^3\left(\frac{k-a}{6}\right)^{-\frac{9}{4}}, q=-\frac{3}{8}\left(\frac{k-a}{6}\right)^{-\frac{3}{2}}\left(-\frac{2C_0}{9}\right)^2, r=-\frac{3}{256}$。

$\left(-\dfrac{2C_0}{9}\right)^4 \left(\dfrac{k-a}{6}\right)^{-3} + C_1, b = \dfrac{C_0}{18}\left(\dfrac{k-a}{6}\right)^{-\frac{3}{4}}$，$C_0$、$C_1$ 是任意常数。记 $F(t) = t^4 + pt^2 + qt + r$，相应的完全判别系统为

$$D_1 = 4, D_2 = -p, D_3 = 8rp - 2p^3 - 9q^2 \tag{1.2.14}$$

$$D_4 = 4p^4 r - p^3 q^2 + 36 prq^2 - 32 r^2 p^2 - \dfrac{27}{4}q^4 + 64 r^3, E_2 = 9q^2 - 32 pr \tag{1.2.15}$$

解的分类有如下几种情形：

情形 2.1　$D_4 = 0, D_3 = 0, D_2 < 0$，此时有 $F(t) = (t^2 + s^2)^2$，s 是实常数。

$$\pm\left(\dfrac{k-a}{6}\right)^{\frac{3}{4}}(\xi - \xi_0) = t + b\ln(t^2 + s^2) + \dfrac{b^2 - s^2}{s}\arctan\dfrac{t}{s} \tag{1.2.16}$$

这里 $t = \left(\dfrac{k-a}{6}\right)^{\frac{1}{4}}\left(u + \dfrac{C_0}{3(a-k)}\right), b = \dfrac{C_0}{18}\left(\dfrac{k-a}{6}\right)^{-\frac{3}{4}}$。

情形 2.2　$D_4 = 0, D_3 = 0, D_2 = 0$，有 $F(t) = t^4$，相应解为

$$\pm\left(\dfrac{k-a}{6}\right)^{\frac{3}{4}}(\xi - \xi_0) = t + 2b\ln|t| - \dfrac{b^2}{t} \tag{1.2.17}$$

这里 $t = \left(\dfrac{k-a}{6}\right)^{\frac{1}{4}}\left(u + \dfrac{C_0}{3(a-k)}\right), b = \dfrac{C_0}{18}\left(\dfrac{k-a}{6}\right)^{-\frac{3}{4}}$。

情形 2.3　$D_4 = 0, D_3 = 0, D_2 > 0, E_2 > 0$，则有 $F(t) = (t-\alpha)^2 (t+\alpha)^2$，这里 α 是个实常数，相应解为

$$\pm\left(\dfrac{k-a}{6}\right)^{\frac{3}{4}}(\xi - \xi_0) = t + \dfrac{(b+\alpha)^2}{2\alpha}\ln(t-\alpha) + \dfrac{(b-\alpha)^2}{2\alpha}\ln|t+\alpha| \tag{1.2.18}$$

这里 $t = \left(\dfrac{k-a}{6}\right)^{\frac{1}{4}}\left(u + \dfrac{C_0}{3(a-k)}\right), b = \dfrac{C_0}{18}\left(\dfrac{k-a}{6}\right)^{-\frac{3}{4}}$。

情形 2.4　$D_4 = 0, D_3 > 0, D_2 > 0$，此时有 $F(t) = (t-\alpha)^2 (t-\beta)(t-\gamma)$，$\alpha$、

β、γ 是三个实常数，$\alpha\neq\beta\neq\gamma$ 且 $\beta>\gamma$。此时，解有两种情形需要讨论：

情形 2.4.1　$4\alpha=-\dfrac{2C_0}{9}$，$C_1=0$。此时，解由情形 1 可得。

情形 2.4.2　$4\alpha\neq-\dfrac{2C_0}{9}$，当 $\alpha>\beta$、$t>\beta$，或当 $\alpha<\lambda$、$t<\lambda$ 时，有

$$\pm\left(\frac{k-a}{6}\right)^{\frac{3}{4}}(\xi-\xi_0)=\sqrt{(t-\beta)(t-\gamma)}+(4b+2\alpha+\beta+\gamma)\ln(\sqrt{t-\beta}+\sqrt{t-\gamma})+$$
$$\frac{(b+\alpha)^2}{\sqrt{(\alpha-\beta)(\alpha-\gamma)}}\ln\frac{(\sqrt{(t-\beta)(\alpha-\gamma)}-\sqrt{(\alpha-\beta)(t-\gamma)})^2}{|t-\alpha|}$$

$$(1.2.19)$$

当 $\alpha>\beta$、$t<\beta$，或当 $\alpha<\lambda$、$t<\beta$ 时，有

$$\pm\left(\frac{k-a}{6}\right)^{\frac{3}{4}}(\xi-\xi_0)=\sqrt{(t-\beta)(t-\gamma)}+(4b+2\alpha+\beta+\gamma)\ln(\sqrt{t-\beta}+\sqrt{t-\gamma})+$$
$$\frac{(b+\alpha)^2}{\sqrt{(\alpha-\beta)(\alpha-\gamma)}}\ln\frac{(\sqrt{(t-\beta)(\gamma-\alpha)}-\sqrt{(\beta-\alpha)(t-\gamma)})^2}{|t-\alpha|}$$

$$(1.2.20)$$

当 $\beta>\alpha>\gamma$ 时，有

$$\pm\left(\frac{k-a}{6}\right)^{\frac{3}{4}}(\xi-\xi_0)=\sqrt{(t-\beta)(t-\gamma)}+(4b+2\alpha+\beta+\gamma)\ln(\sqrt{t-\beta}+\sqrt{t-\gamma})+$$
$$\frac{(b+\alpha)^2}{\sqrt{(\beta-\alpha)(\alpha-\gamma)}}\arcsin\frac{(t-\beta)(\alpha-\gamma)+(\alpha-\beta)(t-\gamma)}{(t-\alpha)(\beta-\gamma)}$$

$$(1.2.21)$$

这里 $t=\left(\dfrac{k-a}{6}\right)^{\frac{1}{4}}\left(u+\dfrac{C_0}{3(a-k)}\right)$，$b=\dfrac{C_0}{18}\left(\dfrac{k-a}{6}\right)^{-\frac{3}{4}}$。

情形 2.5　$D_4=0$，$D_3=0$，$D_2>0$，$E_2=0$，则有 $F(t)=(t-\alpha)^3(t-\beta)$，$\alpha$、$\beta$ 是实常数且 $\alpha\neq\beta$。有如下两种情形需要讨论：

情形 2.5.1　$4\alpha=-\dfrac{2C_0}{9}$，$C_1=0$。此时解可以由情形 1 得出。

情形 2.5.2　$4\alpha \neq -\dfrac{2C_0}{9}$。当 $t>\alpha$、$t>\beta$，或当 $t<\alpha$、$t<\beta$，有

$$\pm\left(\frac{k-a}{6}\right)^{\frac{3}{4}}(\xi-\xi_0)=\sqrt{(t-\alpha)(t-\beta)}+(3\alpha+4b+\beta)\ln(\sqrt{t-\alpha}+\sqrt{t-\beta})+$$

$$\frac{2\sqrt{(t-\alpha)(t-\beta)}}{(\alpha-\beta)(t-\alpha)} \tag{1.2.22}$$

这里 $t=\left(\dfrac{k-a}{6}\right)^{\frac{1}{4}}\left(u+\dfrac{C_0}{3(a-k)}\right)$，$b=\dfrac{C_0}{18}\left(\dfrac{k-a}{6}\right)^{-\frac{3}{4}}$。

情形 2.6　$D_4=0$，$D_2D_3<0$，则有 $F(t)=(t-\alpha)^3((t+\alpha)^2+s_1)$，$\alpha$、$s_1$ 是实常数。解有如下两种情形：

情形 2.6.1　$4\alpha=-\dfrac{2C_0}{9}$，$C_1=0$。此时解可以由情形 1 得出。

情形 2.6.2　$4\alpha \neq -\dfrac{2C_0}{9}$，

$$\pm\left(\frac{k-a}{6}\right)^{\frac{3}{4}}(\xi-\xi_0)=\sqrt{(t+\alpha)^2+s_1^2}+2b\ln\left|t+\alpha+\sqrt{(t+\alpha)^2+s_1^2}\right|-\frac{(b+\alpha)^2}{\sqrt{4\alpha^2+s_1^2}}\cdot$$

$$\ln\left|\frac{2\sqrt{(4\alpha^2+s_1^2)((t+\alpha)^2+s_1^2)}+4\alpha t+4\alpha^2+2s_1^2}{t-\alpha}\right|$$

$$\tag{1.2.23}$$

这里 $t=\left(\dfrac{k-a}{6}\right)^{\frac{1}{4}}\left(u+\dfrac{C_0}{3(a-k)}\right)$，$b=\dfrac{C_0}{18}\left(\dfrac{k-a}{6}\right)^{-\frac{3}{4}}$。

情形 2.7　$D_4>0$，$D_3>0$，$D_1>0$，则有 $F(t)=(t-\alpha_1)(t-\alpha_2)(t-\alpha_3)(t-\alpha_4)$。

情形 2.8　$D_4<0$，$D_2D_3>0$，此时有 $F(t)=(t-\alpha)(t-\beta)((t-l_1)^2+s_1^2)$。

情形 2.9　$D_4>0$，$D_2D_3\leqslant 0$，此时 $F(t)=((t-l_1)^2+s_1^2)((t-l_2)^2+s_2^2)$。

对于情形 2.7 到情形 2.9，相应解可由椭圆函数或双曲函数积分而得，此处省略。

1.2.3 分类 3($m=1, n=4$)

本小节考虑当 $m=1, n=4$ 时,$K(m, n)$ 方程的精确行波解的分类[13]。

情形 1 $C_1 = 0$,相应解为

$$\pm(\xi - \xi_0) = \left(\frac{5C_0}{2(a-k)} + \frac{20(k-a) + 25C_0}{3(k-a)^2}\right)\sqrt{\frac{k-a}{10}u - \frac{C_0}{8}}$$

$$(1.2.24)$$

情形 2 $C_1 \neq 0$,作变量代换 $t = \left(\frac{k-a}{10}\right)^{-\frac{1}{5}}\left(t + \frac{C_0}{40}\left(\frac{k-a}{10}\right)^{-\frac{4}{5}}\right)$,解可由如

下积分给出

$$\pm\left(\frac{k-a}{10}\right)^{\frac{4}{5}}(\xi - \xi_0) = \int \frac{(t+b)^3 \mathrm{d}t}{\sqrt{t^5 + pt^3 + qt^2 + rt + s}} \qquad (1.2.25)$$

这里,$p = -\frac{C_0^2}{160}\left(\frac{k-a}{10}\right)^{-\frac{8}{5}}$;$q = -\frac{C_0^3}{3200}\left(\frac{k-a}{10}\right)^{-\frac{12}{5}}$;$r = -\frac{3C_0^4}{5^3 \times 8^4}\left(\frac{k-a}{10}\right)^{-\frac{16}{5}}$;$b =$

$\frac{C_0}{40}\left(\frac{k-a}{10}\right)^{-\frac{4}{5}}$;$C_0$、$C_1$ 是任意常数。记 $F(t) = t^5 + pt^3 + qt^2 + rt + s$,相应五阶

完全判别系统为

$$
\begin{cases}
D_2 = -p \\
D_3 = 40rp - 12p^3 - 45q^2 \\
D_4 = -4p^3q^2 + 12p^4r + 117pq^2r - 88p^2r^2 - 40qsp^2 - 27q^4 + 160r^3 - 300qrs \\
D_5 = -1600qsr^3 - 3750pqs^3 + 2000ps^2r^2 - 4p^3q^2r^2 + 16p^3q^3s - 900rs^2p^3 + \\
\qquad 825p^2q^2s^2 + 144pq^2r^3 + 2250rq^2s^2 + 16p^4r^3 + 108p^5s^2 - 128r^4p^2 - \\
\qquad 27r^2q^4 + 108sq^5 + 256r^5 + 3125s^4 - 72rsqp^4 + 560sqr^2p^2 - 630prsq^3 \\
E_2 = 160r^2p^3 + 900q^2r^2 - 48rp^5 + 60rp^2q^2 + 1500pqrs + 16q^2p^4 - \\
\qquad 1100qsp^3 + 625s^2p^2 - 3375sq^3 \\
F_2 = 3q^2 - 8rp
\end{cases}
$$

由五阶多项式判别系统,有下列 12 种情形需要讨论:

情形 2.1　$D_5=0, D_4=0, D_3>0, E_2\neq 0$，则有 $F(t)=(t-\alpha)^2(t-\beta)^2(t-\gamma)$，$\alpha、\beta、\gamma$ 是三个不同实常数，且 $\alpha\neq\beta\neq\gamma$。当 $\gamma>\alpha, \gamma>\beta$ 时，有

$$\pm\frac{1}{2}\left(\frac{k-a}{10}\right)^{\frac{4}{5}}(\xi-\xi_0)=\frac{(t-\gamma)^2}{3}+(\alpha+\beta+\gamma+3b)\sqrt{t-\gamma}+$$

$$\left[\frac{(b+\beta)^2(\alpha-\beta)+(b+\beta)(b+\alpha)(\alpha-\beta)+(b+\alpha)^2(\alpha-\beta)-(\alpha+b)^3}{\sqrt{\gamma-\beta}}\right]\cdot$$

$$\arctan\frac{\sqrt{t-\gamma}}{\sqrt{\gamma-\beta}}+\frac{(\alpha+b)^3}{(\alpha-\beta)\sqrt{\gamma-\alpha}}\arctan\frac{\sqrt{t-\gamma}}{\sqrt{\gamma-\alpha}} \qquad (1.2.26)$$

当 $\alpha<\gamma<\beta$ 时，有

$$\pm\frac{1}{2}\left(\frac{k-a}{10}\right)^{\frac{4}{5}}(\xi-\xi_0)=\frac{(t-\gamma)^{\frac{3}{2}}}{3}+(\alpha+\beta+\gamma+3b)\sqrt{t-\gamma}+$$

$$\left[\frac{(b+\beta)^2(\alpha-\beta)+(b+\beta)(b+\alpha)(\alpha-\beta)+(b+\alpha)^2(\alpha-\beta)-(\alpha+b)^3}{2\sqrt{\gamma-\beta}}\right]\cdot$$

$$\ln\left|\frac{\sqrt{\beta-\gamma}+\sqrt{t-\gamma}}{\sqrt{\beta-\gamma}-\sqrt{t-\gamma}}\right|+\frac{(\alpha+b)^3}{(\alpha-\beta)\sqrt{\gamma-\alpha}}\arctan\frac{\sqrt{t-\gamma}}{\sqrt{\gamma-\alpha}} \qquad (1.2.27)$$

当 $\gamma<\alpha, \gamma<\beta$ 时，有

$$\pm\frac{1}{2}\left(\frac{k-a}{10}\right)^{\frac{4}{5}}(\xi-\xi_0)=\frac{(t-\gamma)^{\frac{3}{2}}}{3}+(\alpha+\beta+\gamma+3b)\sqrt{t-\gamma}+$$

$$\left[\frac{(b+\beta)^2(\alpha-\beta)+(b+\beta)(b+\alpha)(\alpha-\beta)+(b+\alpha)^2(\alpha-\beta)-(\alpha+b)^3}{2\sqrt{\beta-\gamma}}\right]\cdot$$

$$\ln\left|\frac{\sqrt{\beta-\gamma}+\sqrt{t-\gamma}}{\sqrt{\beta-\gamma}-\sqrt{t-\gamma}}\right|-\frac{(\alpha+b)^3}{2(\alpha-\beta)\sqrt{\alpha-\gamma}}\ln\left|\frac{\sqrt{\alpha-\gamma}+\sqrt{t-\gamma}}{\sqrt{\alpha-\gamma}-\sqrt{t-\alpha}}\right| \qquad (1.2.28)$$

这里 $t=\left(\frac{k-a}{10}\right)^{\frac{1}{5}}\left(u-\frac{C_0}{4(k-a)}\right), b=\frac{C_0}{40}\left(\frac{k-a}{10}\right)^{-\frac{4}{5}}$。

情形 2.2　$D_5=0, D_4=0, D_3=0, D_2\neq 0, F_2=0$，则 $F(t)=(t-\alpha)^4(t-\beta)$，$\alpha、\beta$ 是两个实常数，且 $\alpha\neq\beta$。当 $\beta>\alpha$ 时，有

$$\pm \frac{1}{2}\left(\frac{k-a}{10}\right)^{\frac{4}{5}}(\xi-\xi_0) = \frac{(t-\beta)^{\frac{3}{2}}}{3} + (2\alpha+\beta+3b)\sqrt{t-\beta} +$$

$$\frac{3(\alpha+b)^2}{\sqrt{\beta-\alpha}}\arctan\frac{\sqrt{t-\beta}}{\sqrt{\beta-\alpha}} + \frac{(\alpha+b)^3}{2(\beta-\alpha)\sqrt{\beta-\alpha}}\left[\frac{\sqrt{(\beta-\alpha)(t-\beta)}}{t-\alpha} + \right.$$

$$\left.\arctan\frac{\sqrt{t-\beta}}{\sqrt{\beta-\alpha}}\right] \tag{1.2.29}$$

当 $\beta<\alpha$ 时,有

$$\pm \frac{1}{2}\left(\frac{k-a}{10}\right)^{\frac{4}{5}}(\xi-\xi_0) = \frac{(t-\beta)^{\frac{3}{2}}}{3} + (2\alpha+\beta+3b)\sqrt{t-\beta} -$$

$$\frac{3(\alpha+b)^2}{2\sqrt{\alpha-\beta}}\ln\left|\frac{\sqrt{\alpha-\beta}+\sqrt{t-\beta}}{\sqrt{\alpha-\beta}-\sqrt{t-\beta}}\right| - \frac{1}{2(\alpha-\beta)}\left[\frac{\sqrt{(\alpha-\beta)(t-\beta)}}{\alpha-t} + \right.$$

$$\left.\ln\left|\frac{\sqrt{t-\beta}+\sqrt{\alpha-\beta}}{\sqrt{\alpha-t}}\right|\right] \tag{1.2.30}$$

这里 $t=\left(\frac{k-a}{10}\right)^{\frac{1}{5}}\left(u-\frac{C_0}{4(k-a)}\right), b=\frac{C_0}{40}\left(\frac{k-a}{10}\right)^{-\frac{4}{5}}$。

情形 2.3　$D_5=0, D_4=0, D_3<0, E_2\neq 0$,则 $F(t)=(t-\alpha)(t^2+rt+s)^2$,

这里 α、r、s 是实常数,且 $r^2-4s<0$。作变换 $y=\sqrt{t-\alpha}$,则有

$$\pm \frac{1}{2}\left(\frac{k-a}{10}\right)^{\frac{4}{5}}(\xi-\xi_0)$$

$$= \int\left[y^2+\alpha+3b-r + \frac{r^2-s+3b^2-3br}{2AB}\left(\frac{(\alpha-B)y+A\alpha}{y^2+Ay+B} - \frac{(\alpha-B)y-A\alpha}{y^2-Ay+B}\right) + \right.$$

$$\left.\frac{b^3-3sb+rs}{2AB}\left(\frac{y+A}{y^2+Ay+B} - \frac{y-A}{y^2-Ay+B}\right)\right]dy \tag{1.2.31}$$

这里 A, B 满足 $2B-A^2=r+2\alpha, B^2=\alpha^2+r\alpha+s$。

情形 2.3.1　$A^2-4B>0, y^2+Ay+B=(y-y_1)(y-y_2), y^2-Ay+B=(y-y_3)(y-y_4)$,此时相应解为

$$\pm\frac{1}{2}\Big(\frac{k-a}{10}\Big)^{\frac{4}{5}}(\xi-\xi_0)=\frac{y^3}{3}+(\alpha+3b-r)y+\frac{(3b^2-s-3br+r^2)(\alpha-B)}{2AB}\cdot$$

$$\ln\Big|\frac{y-y_2}{y-y_4}\Big|+\frac{(3b^2-s-3br+r^2)((\alpha-B)y_1+A\alpha)}{2AB(y_1-y_2)}\cdot\ln\Big|\frac{y-y_1}{y-y_2}\Big|-$$

$$\frac{(3b^2-s-3br+r^2)((\alpha-B)y_1+A\alpha)}{2AB}\cdot\ln\Big|\frac{y-y_3}{y-y_4}\Big|+$$

$$\frac{(3b^2-s-3br+r^2)}{2AB}\Big(\frac{y_1+A}{y_1-y_2}\ln|y-y_1|-\frac{y_2+A}{y_1-y_2}\cdot$$

$$\ln|y-y_2|-\frac{y_3-A}{y_3-y_4}\ln|y-y_3|+\frac{y_4-A}{y_3-y_4}\ln|y-y_4|\Big)\qquad(1.2.32)$$

情形 2.3.2 $A^2-4B=0$, $y^2+Ay+B=(y-y_1)^2$, $y^2-Ay+B=(y-y_2)^2$, 相应解为

$$\pm\frac{1}{2}\Big(\frac{k-a}{10}\Big)^{\frac{4}{5}}(\xi-\xi_0)=\frac{y^3}{3}+(\alpha+3b-r)y+\frac{(3b^2-s-3br+r^2)}{2AB}\cdot$$

$$\Big((\alpha-B)\ln\Big|\frac{y-y_1}{y-y_2}\Big|-\frac{(\alpha-B)y_1-A\alpha}{y-y_1}+\frac{(\alpha-B)y_2+A\alpha}{y-y_2}\Big)+$$

$$\frac{b^3+sr-3sb}{2AB}\Big(\ln\Big|\frac{y-y_1}{y-y_2}\Big|-\frac{y_1+A}{y-y_1}-\frac{y_2-A}{y-y_2}\Big)\qquad(1.2.33)$$

情形 2.3.3 $A^2-4B<0$, 相应解为

$$\pm\frac{1}{2}\Big(\frac{k-a}{10}\Big)^{\frac{4}{5}}(\xi-\xi_0)=\frac{y^3}{3}+(\alpha+3b-r)y+\frac{(3b^2-s-3br+r^2)}{2AB}\cdot$$

$$\Big(\frac{\alpha-B}{2}\ln\frac{y^2+Ay+B}{y^2-Ay+B}+\frac{A(\alpha+B)}{2\sqrt{B-\frac{A^2}{4}}}\arctan\frac{y+\frac{A}{2}}{\sqrt{B-\frac{A^2}{4}}}+$$

$$\frac{A(\alpha+B)}{2\sqrt{B-\frac{A^2}{4}}}\arctan\frac{y-\frac{A}{2}}{\sqrt{B-\frac{A^2}{4}}}\Big)+racb^3+sr-6sbAB\Big(\frac{1}{2}\ln\frac{y^2+Ay+B}{y^2-Ay+B}+$$

$$\frac{A}{2\sqrt{B-\dfrac{A^2}{4}}}\arctan\frac{y+\dfrac{A}{2}}{\sqrt{B-\dfrac{A^2}{4}}}-\frac{A}{2\sqrt{B-\dfrac{A^2}{4}}}\arctan\frac{y-\dfrac{A}{2}}{\sqrt{B-\dfrac{A^2}{4}}}\Bigg) \tag{1.2.34}$$

这里 $y=\sqrt{\left(\dfrac{k-a}{10}\right)^{\frac{1}{5}}\left(u-\dfrac{C_0}{4(k-a)}-\alpha\right)},b=\dfrac{C_0}{40}\left(\dfrac{k-a}{10}\right)^{-\frac{4}{5}}$。

情形 2.4　$D_5=0,D_4=0,D_3=0,D_2\neq0,F_2\neq0$,则有 $F(t)=(t-\alpha)^3\cdot$
$(t-\beta)^2$,α、β 是两个实常数,且 $\alpha\neq\beta$。当 $\alpha>\beta$ 时,有

$$\pm\frac{1}{2}\left(\frac{k-a}{10}\right)^{\frac{4}{5}}(\xi-\xi_0)=\frac{y^3}{3}+(2\alpha+3b+\beta)y+$$

$$\frac{(b+\beta)^2(\alpha-\beta)+(b+\beta)(\alpha+b)(\alpha-\beta)+(\alpha+b)^2(\alpha-\beta)-(\alpha+b)^3}{(\alpha-\beta)\sqrt{\alpha-\beta}}\cdot$$

$$\arctan\frac{y}{\sqrt{\alpha-\beta}}-\frac{(\alpha+b)^3}{(\alpha-\beta)y} \tag{1.2.35}$$

当 $\alpha<\beta$ 时,有

$$\pm\frac{1}{2}\left(\frac{k-a}{10}\right)^{\frac{4}{5}}(\xi-\xi_0)=\frac{y^3}{3}+(2\alpha+3b+\beta)y-$$

$$\frac{(b+\beta)^2(\alpha-\beta)+(b+\beta)(\alpha+b)(\alpha-\beta)+(\alpha+b)^2(\alpha-\beta)-(\alpha+b)^3}{2(\alpha-\beta)\sqrt{\alpha-\beta}}\cdot$$

$$\ln\left|\frac{\sqrt{\beta-\alpha}+y}{\sqrt{\beta-\alpha}-y}\right|-\frac{(\alpha+b)^3}{(\alpha-\beta)y} \tag{1.2.36}$$

这里 $y=\sqrt{\left(\dfrac{k-a}{10}\right)^{\frac{1}{5}}\left(u-\dfrac{C_0}{4(k-a)}-\alpha\right)},b=\dfrac{C_0}{40}\left(\dfrac{k-a}{10}\right)^{-\frac{4}{5}}$。

情形 2.5　$D_5=0,D_4=0,D_3=0,D_2=0$,则有 $F(t)=(t-\alpha)^5$,α 是实数,
可得

$$\pm\frac{1}{2}\left(\frac{k-a}{10}\right)^{\frac{4}{5}}(\xi-\xi_0)=\frac{y^3}{3}+3(\alpha+b)y-\frac{3(\alpha+b)^2}{y}-\frac{(\alpha+b)^3}{3y^3}$$

$$\tag{1.2.37}$$

这里 $y=\sqrt{\left(\dfrac{k-a}{10}\right)^{\frac{1}{5}}\left(u-\dfrac{C_0}{4(k-a)}-\alpha\right)}$，$b=\dfrac{C_0}{40}\left(\dfrac{k-a}{10}\right)^{-\frac{4}{5}}$。

情形 2.6 $D_5=0,D_4>0$，有 $F(t)=(t-\alpha)^2(t-\alpha_1)(t-\alpha_2)(t-\alpha_3)$，$\alpha$、$\alpha_1$、$\alpha_2$、$\alpha_3$ 是不同实数。

情形 2.7 $D_5=0,D_4=0,D_3<0,E_2=0$，有 $F(t)=(t-\alpha)^3((t-l_1)^2+s_1^2)$，$\alpha$、$l_1$、$s_1$ 是实数。

情形 2.8 $D_5=0,D_4<0$，有 $F(t)=(t-\alpha)^2(t-\beta)((t-l_1)^2+s_1^2)$，$\alpha$、$\beta$、$l_1$、$s_1$ 是实数。

情形 2.9 $D_5=0,D_4=0,D_3>0,E_2=0$，有 $F(t)=(t-\alpha)^3(t-\beta)(t-\gamma)$，$\alpha$、$\beta$、$\gamma$ 是不同实数。

情形 2.10 $D_5>0,D_4>0,D_3>0,D_2>0$，有 $F(t)=(t-\alpha_1)(t-\alpha_2)(t-\alpha_3)(t-\alpha_4)(t-\alpha_5)$，$\alpha_1$、$\alpha_2$、$\alpha_3$、$\alpha_4$、$\alpha_5$ 是不同实数。

情形 2.11 $D_5<0$，有 $F(t)=(t-\alpha_1)(t-\alpha_2)(t-\alpha_3)((t-l_1)^2+s_1^2)$，$\alpha_1$、$\alpha_2$、$\alpha_3$、$l_1$、$s_1$ 是实数。

情形 2.12 $D_5>0\wedge(D_4\leqslant0\vee D_3\leqslant0\vee D_2\leqslant0)$，$\wedge$ 表示"和"，$\vee$ 表示"或"，则有 $F(t)=(t-\alpha)((t-l_1)^2+s_1^2)((t-l_2)^2+s_2^2)$，$\alpha$、$l_1$、$s_1$、$l_2$、$s_2$ 是实数。

对于情形 2.6 至情形 2.12，相应解可由椭圆函数或双曲函数积分而得，此处省略。

1.2.4 分类 4($m=1,2,3,4$, $n=1$)

本小节考虑当 $m=1,2,3,4$, $n=1$ 时，令 $\xi=x-ct$，$K(m,n)$ 方程的精确行波解的分类[13]。

（1）$m=1,n=1$。此时有

$$\pm(c-a)^{\frac{1}{2}}(\xi-\xi_0)=\int\frac{\mathrm{d}w}{\sqrt{w^2+d_1w+d_0}} \tag{1.2.38}$$

这里 $w=(c-a)^{\frac{1}{2}}u, d_1=-2c_1(c-a)^{-\frac{1}{2}}, d_0=c_2$。相应解已在 1.1.2 节给出。

（2）$m=2, n=1$。相应解可由如下积分给出

$$\pm\left(\frac{2}{3}a\right)^{\frac{1}{3}}(\xi-\xi_0)=\int\frac{\mathrm{d}w}{\sqrt{w^3+d_2w^2+d_1w+d_0}} \tag{1.2.39}$$

这里 $w=\left(-\frac{2}{3}a\right)^{\frac{1}{3}}u, d_2=c\left(-\frac{2}{3}a\right)^{-\frac{2}{3}}, d_1=-2c_1\left(-\frac{2}{3}a\right)^{-\frac{1}{3}}, d_0=c_2$。记 $F(w)=w^3+d_2w^2+d_1w+d_0$，根据三阶多项式完全判别系统可知解有四种情况需要讨论：

情形 1　$\Delta=0, D<0$，有 $F(w)=(w-w_1)^2(w-w_2), w_1\neq w_2$。若 $w>w_2$，相应解为

$$u(x,t)=\left(-\frac{2}{3}a\right)^{-\frac{1}{3}}\left[(w_1-w_2)\tanh^2\left(\frac{\sqrt{w_1-w_2}}{2}\left(-\frac{2}{3}a\right)^{\frac{1}{3}}\cdot\right.\right.$$

$$\left.\left.(x-ct-\xi_0)\right)+w_2\right], w_1>w_2 \tag{1.2.40}$$

$$u(x,t)=\left(-\frac{2}{3}a\right)^{-\frac{1}{3}}\left[(w_1-w_2)\coth^2\left(\frac{\sqrt{w_1-w_2}}{2}\left(-\frac{2}{3}a\right)^{-\frac{1}{3}}\cdot\right.\right.$$

$$\left.\left.(x-ct-\xi_0)\right)+w_2\right], w_1>w_2 \tag{1.2.41}$$

$$u(x,t)=\left(-\frac{2}{3}a\right)^{-\frac{1}{3}}\left[(w_2-w_1)\tanh^2\left(\frac{\sqrt{w_2-w_1}}{2}\left(-\frac{2}{3}a\right)^{-\frac{1}{3}}\cdot\right.\right.$$

$$\left.\left.(x-ct-\xi_0)\right)+w_1\right], w_1<w_2 \tag{1.2.42}$$

情形 2　$\Delta=0, D=0$，则 $F(w)=(w-w_1)^3, w_1$ 是实数。可得解

$$u(x,t)=-6a^{-1}(x-ct-\xi_0)^{-2}+\left(-\frac{2}{3}a\right)^{-\frac{1}{3}}w_1 \tag{1.2.43}$$

情形 3　$\Delta>0, D<0$，有 $F(w)=(w-w_1)(w-w_2)(w-w_3)$，$w_1<w_2<$ w_3。当 $w_1<w<w_2$ 时，可得

$$u(x,t)=\left(-\frac{2}{3}a\right)^{-\frac{1}{3}}\left(w_1+(w_2-w_1)\,\mathrm{sn}^2\left(\frac{\sqrt{w_3-w_1}}{2}\left(-\frac{2}{3}a\right)^{\frac{1}{3}}\right.\right.$$

$$\left.\left.(x-ct-\xi_0),\pm\sqrt{\frac{w_2-w_1}{w_3-w_1}}\right)\right) \tag{1.2.44}$$

当 $w>w_3$ 时，相应解为

$$u(x,t)=\left(-\frac{2}{3}a\right)^{-\frac{1}{3}}\cdot$$

$$\left(\frac{w_3-w_2\,\mathrm{sn}^2\left[\dfrac{\sqrt{w_3-w_1}}{2}\left(-\dfrac{2}{3}a\right)^{\frac{1}{3}}(x-ct-\xi_0),\pm\sqrt{\dfrac{w_2-w_1}{w_3-w_1}}\right]}{\mathrm{cn}^2\left[\dfrac{\sqrt{w_3-w_1}}{2}\left(-\dfrac{2}{3}a\right)^{\frac{1}{3}}(x-ct-\xi_0),\pm\sqrt{\dfrac{w_2-w_1}{w_3-w_1}}\right]}\right)$$

$$\tag{1.2.45}$$

情形 4　$\Delta<0$，此时有 $F(w)=(w-w_1)(w^2+pw+q)$，$p^2-4q<0$，可得

$$u(x,t)=\left(-\frac{2}{3}a\right)^{-\frac{1}{3}}\left(w_1-\sqrt{w_1^2+pw_1+q}+\right.$$

$$\left.\frac{2\sqrt{w_1^2+pw_1+q}}{1+\mathrm{cn}\left((w_1^2+pw_1+q)^{\frac{1}{4}}\left(-\dfrac{2}{3}a\right)^{\frac{1}{3}}(x-ct-\xi_0),m\right)}\right)$$

$$\tag{1.2.46}$$

这里 $m^2=\dfrac{1}{2}\left(1-\dfrac{w_1+\dfrac{p}{2}}{\sqrt{w_1^2+pw_1+q}}\right)$。

(3) $m=3, n=1$。相应解可由如下积分给出

$$\pm\left(-\frac{1}{2}a\right)^{\frac{1}{4}}(\xi-\xi_0)=\int\frac{\mathrm{d}w}{\sqrt{w^4+pw^2+qw+r}} \tag{1.2.47}$$

这里 $w=\left(-\dfrac{1}{2}a\right)^{\frac{1}{4}}u, p=c\left(-\dfrac{1}{2}a\right)^{-\frac{1}{2}}, q=-2c_1\left(-\dfrac{1}{2}a\right)^{-\frac{1}{4}}, r=c_2$。记

$$F(w)=w^4+pw^2+qw+r$$

相应多项式完全判别系统为

$$\begin{cases} D_1=4 \\ D_2=-p \\ D_3=-2p^3+8pr-9q^2 \\ D_4=-p^3q^2+4p^4r+36pq^2r-32p^2r^2-\dfrac{27}{4}q^4+64r^3 \\ D_5=9p^2-32pq \end{cases} \quad (1.2.48)$$

解有如下九种情形需要讨论:

情形 1 $D_4=0, D_3=0, D_2<0$, 有 $F(w)=(w^2+l^2)^2, l>0$, 可得

$$u(x,t)=\left(-\frac{1}{2}a\right)^{-\frac{1}{4}}l \cdot \tanh\left(\pm\left(-\frac{1}{2}a\right)^{\frac{1}{4}}l(x-ct-\xi_0)\right) \quad (1.2.49)$$

情形 2 $D_4=0, D_3=0, D_2=0$, 有 $F(w)=w^4$, 解为

$$u(x,t)=\pm\left(-\frac{1}{2}a\right)^{-\frac{1}{2}}(x-ct-\xi_0)^{-1} \quad (1.2.50)$$

情形 3 $D_4=0, D_3=0, D_2>0, E_2>0$, 有 $F(w)=(w-w_1)^2(w+w_1)^2$, 当 $w>w_1$ 或 $w<w_1$ 时,相应解为

$$u(x,t)=\left(-\frac{1}{2}a\right)^{-\frac{1}{4}}w_1 \cdot \coth\left(\pm w_1\left(-\frac{1}{2}a\right)^{\frac{1}{4}}(x-ct-\xi_0)\right)$$

$$(1.2.51)$$

当 $-w_1<w<w_1$ 时,有

$$u(x,t)=\left(-\frac{1}{2}a\right)^{-\frac{1}{4}}w_1 \cdot \tanh\left(\pm w_1\left(-\frac{1}{2}a\right)^{\frac{1}{4}}(x-ct-\xi_0)\right)$$

$$(1.2.52)$$

情形 4 $D_4=0,D_3>0,D_2>0$,有 $F(w)=(w-w_1)^2(w-w_2)(w-w_3)$,
$2w_1+w_2+w_3=0,w_2>w_3$。当 $w>w_2$、$w_1>w_2$,或当 $w<w_3$、$w_1<w_3$,则有

$$\pm(x-ct-\xi_0)=\left(-\frac{1}{2}a\right)^{-\frac{1}{4}}\frac{1}{\sqrt{(w_1-w_2)(w_1-w_3)}}\cdot$$

$$\ln\frac{\left[\sqrt{\left(\left(-\frac{1}{2}a\right)^{-\frac{1}{4}}w-w_2\right)(w_1-w_3)}-\sqrt{\left(\left(-\frac{1}{2}a\right)^{-\frac{1}{4}}w-w_3\right)(w_1-w_2)}\right]^2}{\left|\left(-\frac{1}{2}a\right)^{-\frac{1}{4}}w-w_1\right|}$$

$$(1.2.53)$$

当 $w<w_3$、$w_1>w_2$,或当 $w<w_2$、$w_1<w_3$ 时,相应解为

$$\pm(x-ct-\xi_0)=\left(-\frac{1}{2}a\right)^{-\frac{1}{4}}\frac{1}{\sqrt{(w_1-w_2)(w_1-w_3)}}\cdot$$

$$\ln\frac{\left[\sqrt{\left(\left(-\frac{1}{2}a\right)^{-\frac{1}{4}}w-w_2\right)(w_3-w_1)}-\sqrt{\left(\left(-\frac{1}{2}a\right)^{-\frac{1}{4}}w-w_3\right)(w_2-w_1)}\right]^2}{\left|\left(-\frac{1}{2}a\right)^{-\frac{1}{4}}w-w_1\right|}$$

$$(1.2.54)$$

当 $w_3<w_1<w_2$ 时,解为

$$\pm(x-ct-\xi_0)=\left(-\frac{1}{2}a\right)^{-\frac{1}{4}}\frac{1}{\sqrt{(w_2-w_1)(w_1-w_3)}}\cdot$$

$$\arcsin\frac{\left(\left(-\frac{1}{2}a\right)^{-\frac{1}{4}}w-w_2\right)(w_1-w_3)+(w_1-w_2)\left(\left(-\frac{1}{2}a\right)^{-\frac{1}{4}}w-w_3\right)}{\left|\left(\left(-\frac{1}{2}a\right)^{-\frac{1}{4}}w-w_1\right)(w_2-w_3)\right|}$$

$$(1.2.55)$$

情形 5 $D_4=0,D_3=0,D_2>0,E_2=0,F(w)=(w-w_1)^3(w+3w_1)$。当
$w>w_1$、$w>3w_1$,或当 $w<w_1$、$w<3w_1$ 时,相应解为

$$u(x,t) = \frac{4\left(-\frac{1}{2}a\right)^{-\frac{1}{4}} w_1}{-1 - 4w_1^2 (x-ct-\xi_0)^2} + w_1 \left(-\frac{1}{2}a\right)^{-\frac{1}{4}} \quad (1.2.56)$$

情形 6　$D_4 = 0, D_3 D_2 < 0$，则有 $F(w) = (w-w_1)^2 ((w+w_1)^2 + s^2)$，可得

$$u(x,t) = \left(-\frac{1}{2}a\right)^{-\frac{1}{4}} \frac{e^{\pm\sqrt{4w_1^2+s^2}\,(-\frac{1}{2}a)^{\frac{1}{4}}(x-ct-\xi_0)} - \frac{3w_1}{\sqrt{4w_1^2+s^2}} + \sqrt{4w_1^2+s^2}}{\left(e^{\pm\sqrt{4w_1^2+s^2}\,(-\frac{1}{2}a)^{\frac{1}{4}}(x-ct-\xi_0)} - \frac{3w_1}{\sqrt{4w_1^2+s^2}}\right)^2 - 1}$$

$$(1.2.57)$$

情形 7　$D_4 > 0, D_3 > 0, D_2 > 0$，有 $F(w) = (w-w_1)(w-w_2)(w-w_3) \cdot (w-w_4), w_1 > w_2 > w_3 > w_4$。当 $w > w_1$ 或 $w < w_4$ 时，可得解

$$u(x,t) =$$

$$\left(-\frac{1}{2}a\right)^{-\frac{1}{4}} \frac{w_2(w_1-w_4)\,\mathrm{sn}^2\left(\frac{\sqrt{(w_1-w_3)(w_2-w_4)}}{2}\left(-\frac{1}{2}a\right)^{\frac{1}{4}}(x-ct-\xi_0),m\right) - w_1(w_2-w_4)}{(w_1-w_4)\,\mathrm{sn}^2\left(\frac{\sqrt{(w_1-w_3)(w_2-w_4)}}{2}\left(-\frac{1}{2}a\right)^{\frac{1}{4}}(x-ct-\xi_0),m\right) - (w_2-w_4)}$$

$$(1.2.58)$$

当 $w_2 > w > w_3$ 时，解为

$$u(x,t) =$$

$$\left(-\frac{1}{2}a\right)^{-\frac{1}{4}} \frac{w_4(w_2-w_3)\,\mathrm{sn}^2\left(\frac{\sqrt{(w_1-w_3)(w_2-w_4)}}{2}\left(-\frac{1}{2}a\right)^{\frac{1}{4}}(x-ct-\xi_0),m\right) - w_3(w_2-w_4)}{(w_2-w_3)\,\mathrm{sn}^2\left(\frac{\sqrt{(w_1-w_3)(w_2-w_4)}}{2}\left(-\frac{1}{2}a\right)^{\frac{1}{4}}(x-ct-\xi_0),m\right) - (w_2-w_4)}$$

$$(1.2.59)$$

这里 $m^2 = \dfrac{(w_1-w_2)(w_3-w_4)}{(w_1-w_3)(w_2-w_4)}$。

情形 8　$D_4 < 0, D_3 D_2 > 0, F(w) = (w-w_1)(w-w_2)((w-l)^2 + s^2)$，$w_1 > w_2, s > 0$，解为

$$u(x,t)=\left(-\frac{1}{2}a\right)^{-\frac{1}{4}}\frac{A\operatorname{cn}\left(\frac{\sqrt{\pm\,2sm_1(w_1-w_2)}}{2mm_1}\left(-\frac{1}{2}a\right)^{\frac{1}{4}}(x-ct-\xi_0),m\right)+B}{C\operatorname{cn}\left(\frac{\sqrt{\pm\,2sm_1(w_1-w_2)}}{2mm_1}\left(-\frac{1}{2}a\right)^{\frac{1}{4}}(x-ct-\xi_0),m\right)+V}$$

$$(1.2.60)$$

这里 $E=\dfrac{s^2+(w_1-l)(w_2-l)}{s(w_1-w_2)}$, $m_1=E\pm\sqrt{E^2+1}$, $m^2=\dfrac{1}{1+m^2}$, $U=w_1-$

$l-\dfrac{s}{m_1}$, $V=w_1-l-sm_1$, $A=\dfrac{1}{2}((w_1+w_2)U-(w_1-w_2)V)$, $B=\dfrac{1}{2}((w_1+$

$w_2)V-(w_1-w_2)U)$。

情形 9 $D_4>0,D_3D_2<0$, 此时有 $F(w)=((w-l_1)^2+s_1^2)((w-l_2)^2+$

$s_2^2)$, $s_1\geqslant s_2>0$, 可得解

$$u(x,t)=\left(-\frac{1}{2}a\right)^{-\frac{1}{4}}\frac{A\operatorname{sn}\left(\eta\left(-\frac{1}{2}a\right)^{\frac{1}{4}}(x-ct-\xi_0),m\right)+B\operatorname{cn}\left(\eta\left(-\frac{1}{2}a\right)^{\frac{1}{4}}(x-ct-\xi_0),m\right)}{U\operatorname{sn}\left(\eta\left(-\frac{1}{2}a\right)^{\frac{1}{4}}(x-ct-\xi_0),m\right)+V\operatorname{cn}\left(\eta\left(-\frac{1}{2}a\right)^{\frac{1}{4}}(x-ct-\xi_0),m\right)}$$

$$(1.2.61)$$

这里 $E=\dfrac{s_1^2+s_2^2\,(l_1-l_2)^2}{2s_1s_2}$, $m_1=E+\sqrt{E^2-1}$, $m^2=1-\dfrac{1}{m^2}$, $\eta=s_2\sqrt{\dfrac{m_1^2U^2+V^2}{U^2+V^2}}$,

$U=-s_1-\dfrac{s_2}{m_1}$, $V=l_1-l_2$, $A=l_1U+s_1V$, $B=l_1V-s_1U$。

（4）$m=4,n=1$。解可由如下积分给出

$$\pm\left(-\frac{2}{5}a\right)^{-\frac{1}{5}}(\xi-\xi_0)=\int\frac{\mathrm{d}w}{\sqrt{w^5+qw^2+rw+s}}\qquad(1.2.62)$$

这里 $w=\left(-\dfrac{2}{5}a\right)^{\frac{1}{5}}u$, $q=c\left(-\dfrac{2}{5}a\right)^{\frac{1}{5}}$, $r=c_1\left(-\dfrac{2}{5}a\right)^{-\frac{2}{5}}$, $r=-2c_1\left(-\dfrac{2}{5}a\right)^{-\frac{1}{5}}$,

$s=c_2$。记

$$F(w)=w^5+qw^2+rw+s$$

相应多项式完全判别系统为

$$D_2 = 0, D_3 = -45q^2, D_4 = -27q^4 + 160r^3 - 300qrs$$

$$D_5 = -1600qsr^3 + 2250rq^2s^2 - 27r^2q^4 + 108p^5s^2 + 256r^5 + 3125s^4$$

$$E_2 = 900q^2r^2 - 3375sq^3, F_2 = 3q^2$$

解有如下六种情形需要讨论：

情形 1　$D_5 = 0, D_4 = 0, D_3 = 0, D_2 = 0$，此时 $F(w) = (w-w_1)^5$，可得

$$u(x,t) = \pm \left(\frac{3}{2}\right)^{-\frac{2}{3}} \left(-\frac{2}{5}a\right)^{-\frac{2}{15}} (x - ct - \xi_0)^{-\frac{2}{3}} + \left(-\frac{2}{5}a\right)^{-\frac{1}{5}} w_1$$

$$(1.2.63)$$

情形 2　$D_5 = 0, D_4 = 0, D_3 < 0, E_2 \neq 0$，有 $F(w) = (w - w_1) \cdot (w^2 + \alpha w + \beta)^2, \alpha^2 - 4\beta < 0$，相应可得

$$\pm \left(\frac{2}{5}a\right)^{\frac{1}{5}} (x - ct - \xi_0) = -\frac{2}{\rho\sqrt{4\beta - \alpha^2}} \left(\cos\varphi \arctan \frac{2\rho\sin\varphi\sqrt{w - w_1}}{w - w_1 - \rho^2} + \right.$$

$$\left. \frac{\sin\varphi}{2} \cdot \ln \left| \frac{w - w_1 - \rho^2 - 2\rho\cos\varphi\sqrt{w - w_1}}{w - w_1 - \rho^2 + 2\rho\cos\varphi\sqrt{w - w_1}} \right| \right)$$

$$(1.2.64)$$

这里 $\rho = (w_1 + \alpha w_1 + \beta)^{\frac{1}{4}}, \varphi = \frac{1}{2}\arctan \frac{\sqrt{4\beta - \alpha^2}}{-2w_1 - \alpha}$。

情形 3　$D_5 = 0, D_4 > 0, E_2 \neq 0$，有 $F(w) = (w - w_1)^2(w - w_2)(w - w_3) \cdot (w - w_4), w_2 > w_3 > w_4, w_1 \neq w_2, w_1 \neq w_3, w_1 \neq w_4$，相应可得

$$\pm \left(\frac{2}{5}a\right)^{\frac{1}{5}} (x - ct - \xi_0) = -\frac{2}{(w_1 - w_3)\sqrt{w_3 - w_4}}$$

$$\left(F(\varphi, k) - \frac{w_2 - w_3}{w_2 - w_1} \Pi\left(\varphi, \frac{w_2 - w_3}{w_2 - w_1}, k\right) \right)$$

$$(1.2.65)$$

这里 $F(\varphi,k) = \int \dfrac{\mathrm{d}\varphi}{\sqrt{1-k^2 \sin^2\varphi}}, \Pi(\varphi,n,k) = \int \dfrac{\mathrm{d}\varphi}{(1+n\sin^2\varphi)\sqrt{1-k^2\sin^2\varphi}}$。

情形 4　$D_5 = 0, D_4 = 0, D_3 < 0, E_2 = 0$,此时 $F(w) = (w-w_1)^2((w-\alpha)^2 + \beta^2)$,若 $w_1 \neq \alpha + \beta$,相应解为

$$\pm \left(\frac{2}{5}a\right)^{\frac{1}{5}}(x-ct-\xi_0) = -\frac{\tanh\theta + \coth\theta}{2(\beta\tanh\theta - \alpha - w_1)\sqrt{\dfrac{\beta}{\sin^2 2\theta}}}F(\varphi,k) -$$

$$\frac{\beta\tanh\theta + \beta\coth\theta}{\beta\coth\theta + \alpha + w_1}\left(\frac{\tanh\theta + \mathrm{pha} + w_1}{(\beta\coth\theta + \alpha - w_1)\sin\varphi} \cdot \right.$$

$$\left. \sqrt{1 - k^2\sin^2\varphi} + F(\varphi,k) - E(\varphi,k)\right)$$

$$(1.2.66)$$

若 $w_1 = \alpha + \beta$,相应解为

$$\pm \left(\frac{2}{5}a\right)^{\frac{1}{5}}(x-ct-\xi_0) = \sqrt{\frac{\sin^3 2\theta}{4\beta^3}}\left(\frac{1}{k}\arcsin(k\sin\varphi) - F(\varphi,k)\right)$$

$$(1.2.67)$$

这里 $\tanh 2\theta = \dfrac{\beta}{w_1 - \alpha}, k = \sin\theta, 0 < \theta < \dfrac{\pi}{2}, E(\varphi,k) = \int \sqrt{1-k^2\sin^2\varphi}\,\mathrm{d}\varphi$。

情形 5　$D_5 = 0, D_4 < 0$,有 $F(w) = (w-w_1)^2(w-w_2)((w-\alpha)^2 + \beta^2)$,若 $w_1 \neq \alpha - \beta\tanh\theta, w_1 \neq \alpha + \beta\cos\theta$,则有

$$\pm \left(\frac{2}{5}a\right)^{\frac{1}{5}}(x-ct-\xi_0) = \frac{\tanh\theta + \coth\theta}{2(\beta\tanh\theta - \alpha - w_1)\sqrt{\dfrac{\beta}{\sin^2 2\theta}}}F(\varphi,k) -$$

$$\frac{\beta\tanh\theta + \beta\coth\theta}{\beta\coth\theta + \alpha + w_1}\left|\frac{\tanh\theta + \mathrm{pha} + w_1}{(\beta\coth\theta + \alpha - w_1)\sin\varphi} \cdot \right.$$

$$\left. \sqrt{1 - k^2\sin^2\varphi} + F(\varphi,k) - E(\varphi,k)\right|$$

$$(1.2.68)$$

若 $w_1 = \alpha - \beta\tanh\theta$，则解为

$$\pm\left(\frac{2}{5}a\right)^{\frac{1}{5}}(x-ct-\xi_0)=\sqrt{\frac{\sin^3 2\theta}{4\beta^3}}\left(\frac{1}{k}\arcsin(k\sin\varphi)-F(\varphi,k)\right)$$

$$(1.2.69)$$

若 $w_1 = \alpha + \beta\cos\theta$，则解为

$$\pm\left(\frac{2}{5}a\right)^{\frac{1}{5}}(x-ct-\xi_0)=\sqrt{\frac{\sin^3 2\theta}{4\beta^3}}\Bigg|F(\varphi,k)-\frac{1}{1-k^2}\cdot$$

$$\ln\frac{\sqrt{1-k^2\sin^2\varphi}+\sqrt{1+k^2}\sin\varphi}{\cos\varphi}\Bigg|$$

$$(1.2.70)$$

这里 $\tanh 2\theta=\dfrac{\beta}{w_2-\alpha}, k=\sin\theta, 0<\theta<\dfrac{\pi}{2}$。

情形 6 $D_5<0$ 或 $D_5>0$，相应解可由椭圆函数或双曲函数积分而得，此处省略。

1.2.5　分类 5($m=3, n=2$)

本小节考虑当 $m=3, n=2$ 时，$K(m,n)$ 方程的精确行波解的分类[14]。作变量代换 $\left(-\dfrac{a}{5}\right)^{\frac{1}{5}}u=t$，则解可以由如下积分给出：

$$\pm\left(-\frac{2}{5}a\right)^{\frac{2}{5}}(\xi-\xi_0)=\int\frac{t\mathrm{d}t}{\sqrt{t^5+pt^3+qt^2+s}} \qquad (1.2.71)$$

这里 $p=\dfrac{k}{3}\left(-\dfrac{a}{5}\right)^{-\frac{3}{5}}, q=\left(-\dfrac{C_0}{2}\right)\left(-\dfrac{a}{5}\right)^{-\frac{2}{5}}, s=C_1$，且 C_0、C_1 是任意常数。

情形 1 $s=0$，则积分变为

$$\pm\left(-\frac{2}{5}a\right)^{\frac{2}{5}}(\xi-\xi_0)=\int\frac{\mathrm{d}t}{\sqrt{t^3+pt^2+q}} \qquad (1.2.72)$$

记 $F(t)=t^3+pt^2+q$，$\Delta=-27q^2-4p^3$，$D_1=p$，这里 Δ 和 D_1 是 $F(t)$ 的判别系统。

情形 1.1　$\Delta=0,D_1<0$，有 $F(t)=(t-\alpha)^2(t-2\alpha)$，当 $\alpha>0$，有

$$u=\left(-\frac{1}{5}a\right)^{-\frac{1}{5}}\left[3\alpha\tan^2\left[\frac{\sqrt{3\alpha}}{2}\left(-\frac{2}{5}a\right)^{\frac{2}{5}}(\xi-\xi_0)\right]-2\alpha\right] \quad (1.2.73)$$

当 $\alpha<0$，有

$$u=\left(-\frac{1}{5}a\right)^{-\frac{1}{5}}\left[-3\alpha\tan^2\left[\frac{\sqrt{-3\alpha}}{2}\left(-\frac{1}{5}a\right)^{\frac{2}{5}}(\xi-\xi_0)\right]-2\alpha\right]$$

$$(1.2.74)$$

情形 1.2　$\Delta=0,D_1=0$，有 $F(t)=t^3$，可得

$$u=4\left(-\frac{1}{5}a\right)^{-1}(\xi-\xi_0)^{-2} \quad (1.2.75)$$

情形 1.3　$\Delta>0,D_1<0$ 或 $\Delta<0$，相应解可由椭圆函数积分得到，这里省略。

情形 2　$s\neq0$，记 $F(t)=t^5+pt^3+qt^2+s$，相应多项式判别系统为

$D_2=-p,D_3=-12p^3-45q^2,D_4=-4p^3q^2-40qsp^2-27q^4,$

$D_5=-3750pqs^3+16p^3q^3s+825p^2q^2s^2+108p^5s^2+108sq^5+3125s^4,$

$E_2=16q^2p^4-1100qsp^3+625s^2p^2-3375sq^3,\ F_2=3q^2$

此时，解有十二种情形需要讨论。

情形 2.1　$D_5=0,D_4=0,D_3>0,E_2\neq0,F(t)=(t-\alpha)^2(t-\beta)^2(t-\gamma)$，$\alpha$、$\beta$、$\gamma$ 是实数，且 $\alpha\neq\beta\neq\gamma$。当 $\gamma>\alpha,\gamma>\beta$ 时，有

$$\pm\frac{1}{2}\left(-\frac{2}{5}a\right)^{\frac{2}{5}}(\xi-\xi_0)=\frac{\alpha}{(\alpha-\beta)\sqrt{\gamma-\alpha}}\arctan\frac{\sqrt{\left(-\frac{1}{5}a\right)^{\frac{1}{5}}u-\gamma}}{\sqrt{\gamma-\alpha}}-$$

$$\frac{\beta}{(\alpha-\beta)\sqrt{\gamma-\alpha}}\arctan\frac{\sqrt{\left(-\frac{1}{5}a\right)^{\frac{1}{5}}u-\gamma}}{\sqrt{\gamma-\beta}} \tag{1.2.76}$$

当 $\alpha<\gamma<\beta$ 时,有

$$\pm\frac{1}{2}\left(-\frac{2}{5}a\right)^{\frac{2}{5}}(\xi-\xi_0)=\frac{\alpha}{(\alpha-\beta)\sqrt{\gamma-\alpha}}\arctan\frac{\sqrt{\left(-\frac{1}{5}a\right)^{\frac{1}{5}}u-\gamma}}{\sqrt{\gamma-\alpha}}+$$

$$\frac{\beta}{2(\alpha-\beta)\sqrt{\beta-\gamma}}\ln\left|\frac{\sqrt{\beta-\gamma}+\sqrt{\left(-\frac{1}{5}a\right)^{\frac{1}{5}}u-\gamma}}{\sqrt{\beta-\gamma}-\sqrt{\left(-\frac{1}{5}a\right)^{\frac{1}{5}}u-\gamma}}\right|$$

$$\tag{1.2.77}$$

当 $\gamma<\alpha,\gamma<\beta$ 时,有

$$\pm\frac{1}{2}\left(-\frac{2}{5}a\right)^{\frac{2}{5}}(\xi-\xi_0)=\frac{\alpha}{2(\beta-\alpha)\sqrt{\alpha-\gamma}}\ln\left|\frac{\sqrt{\alpha-\gamma}+\sqrt{\left(-\frac{1}{5}a\right)^{\frac{1}{5}}u-\gamma}}{\sqrt{\alpha-\gamma}-\sqrt{\left(-\frac{1}{5}a\right)^{\frac{1}{5}}u-\gamma}}\right|-$$

$$\frac{\beta}{2(\beta-\alpha)\sqrt{\beta-\gamma}}\ln\left|\frac{\sqrt{\beta-\gamma}+\sqrt{\left(-\frac{1}{5}a\right)^{\frac{1}{5}}u-\gamma}}{\sqrt{\beta-\gamma}-\sqrt{\left(-\frac{1}{5}a\right)^{\frac{1}{5}}u-\gamma}}\right|$$

$$\tag{1.2.78}$$

情形 2.2　$D_5=0,D_4=0,D_3=0,D_2\neq0,F_2=0,F(t)=(t-\alpha)^4(t-\beta)$,
α、β 是实数,且 $\alpha\neq\beta$。当 $\alpha<\beta$ 时,有

$$\pm\frac{1}{2}\left(\frac{2}{5}a\right)^{\frac{2}{5}}(\xi-\xi_0)=\frac{1}{\sqrt{\beta-\alpha}}\arctan\frac{\sqrt{\left(-\frac{1}{5}a\right)^{\frac{1}{5}}u-\beta}}{\sqrt{\beta-\alpha}}+$$

$$\frac{\alpha}{2(\beta-\alpha)\sqrt{\beta-\alpha}}\left(\frac{\sqrt{(\beta-\alpha)\left(\left(-\frac{1}{5}a\right)^{\frac{1}{5}}u-\beta\right)}}{\left(-\frac{1}{5}a\right)^{\frac{1}{5}}u-\alpha}+\right.$$

$$\left.\arctan\frac{\sqrt{\left(-\frac{1}{5}a\right)^{\frac{1}{5}}u-\beta}}{\sqrt{\beta-\alpha}}\right) \tag{1.2.79}$$

当 $\alpha>\beta$ 时,有

$$\pm\frac{1}{2}\left(-\frac{2}{5}a\right)^{\frac{2}{5}}(\xi-\xi_0)=-\frac{1}{2\sqrt{\alpha-\beta}}\ln\left|\frac{\sqrt{\alpha-\beta}+\sqrt{\left(-\frac{1}{5}a\right)^{\frac{1}{5}}u-\beta}}{\sqrt{\alpha-\beta}-\sqrt{\left(-\frac{1}{5}a\right)^{\frac{1}{5}}u-\beta}}\right|-$$

$$\frac{\alpha}{2(\alpha-\beta)}\left(\frac{\sqrt{(\beta-\alpha)\left(\left(-\frac{1}{5}a\right)^{\frac{1}{5}}u-\beta\right)}}{2\alpha-\left(-\frac{1}{5}a\right)^{\frac{1}{5}}u}+\right.$$

$$\left.\ln\left|\frac{\sqrt{\alpha-\beta}+\sqrt{\left(-\frac{1}{5}a\right)^{\frac{1}{5}}u-\beta}}{\sqrt{\alpha-\left(-\frac{1}{5}a\right)^{\frac{1}{5}}u}}\right|\right) \tag{1.2.80}$$

情形 2.3 $D_5=0,D_4=0,D_3<0,E_2\neq0,F(t)=(t-\alpha)(t^2+rt+s)^2,\alpha,r,$
s 是实数,且有 $r^2-4s<0$。作代换 $y=\sqrt{t-\alpha}$,可得

$$\pm\frac{1}{2}\left(-\frac{1}{5}a\right)^{\frac{2}{5}}(\xi-\xi_0)=\int\frac{1}{2AB}\left(\frac{(-B+\alpha)y+A\alpha}{y^2+Ay+B}-\frac{(-B+\alpha)y-A\alpha}{y^2-Ay+B}\right)\mathrm{d}y \tag{1.2.81}$$

这里 A,B 满足 $2B-A^2=r+2\alpha,B^2=\alpha^2+r\alpha+s$。

情形 2.3.1 $A^2-4B>0,y^2+Ay+B=(y-y_1)(y-y_2),y^2-Ay+B=$

$(y-y_3)(y-y_4)$,可得

$$\pm\frac{1}{2}\left(-\frac{1}{5}a\right)^{\frac{2}{5}}(\xi-\xi_0)=\frac{\alpha-B}{2AB}\ln\left|\frac{y-y_2}{y-y_4}\right|+\frac{(\alpha-B)y_1+A\alpha}{2AB(y_1-y_2)}\ln\left|\frac{y-y_1}{y-y_2}\right|-$$

$$\frac{(\alpha-B)y_3-A\alpha}{2AB(y_3-y_4)}\ln\left|\frac{y-y_3}{y-y_4}\right| \tag{1.2.82}$$

情形 2.3.2　$A^2-4B>0$, $y^2+Ay+B=(y-y_1)^2$, $y^2-Ay+B=(y-y_2)^2$,相应解为

$$\pm\frac{1}{2}\left(-\frac{1}{5}a\right)^{\frac{2}{5}}(\xi-\xi_0)=\frac{\alpha-B}{2AB}\ln\left|\frac{y-y_1}{y-y_2}\right|-\frac{(\alpha-B)y_1+A\alpha}{2AB(y-y_1)}+$$

$$\frac{(\alpha-B)y_2-A\alpha}{2AB(y-y_2)} \tag{1.2.83}$$

情形 2.3.3　$A^2-4B<0$,可得

$$\pm\frac{1}{2}\left(-\frac{1}{5}a\right)^{\frac{2}{5}}(\xi-\xi_0)=\frac{-B+\alpha}{4AB}\ln\left(\frac{y^2+Ay+B}{y^2-Ay+B}\right)+$$

$$\frac{B+\alpha}{4B\sqrt{B-\frac{A^2}{4}}}\arctan\frac{y+\frac{A}{2}}{\sqrt{B-\frac{A^2}{4}}}+$$

$$\frac{B+\alpha}{4B\sqrt{B-\frac{A^2}{4}}}\arctan\frac{y-\frac{A}{2}}{\sqrt{B-\frac{A^2}{4}}} \tag{1.2.84}$$

情形 2.4　$D_5=0$, $D_4=0$, $D_3=0$, $D_2\neq0$, $F_2\neq0$,则有 $F(t)=(t-\alpha)^3\cdot(t-\beta)^2$, α、β 是实数,且有 $\alpha\neq\beta$。当 $\alpha>\beta$ 时,有

$$\pm\frac{1}{2}\left(-\frac{2}{5}a\right)^{\frac{2}{5}}(\xi-\xi_0)=\frac{\alpha}{(\beta-\alpha)\sqrt{\left(-\frac{1}{5}a\right)^{\frac{1}{5}}u-\alpha}}+$$

$$\frac{\beta}{(\beta-\alpha)\sqrt{\alpha-\beta}}\arctan\frac{\sqrt{\left(-\frac{1}{5}a\right)^{\frac{1}{5}}u-\alpha}}{\sqrt{\alpha-\beta}} \tag{1.2.85}$$

当 $\alpha<\beta$ 时,有

$$\pm\frac{1}{2}\left(-\frac{2}{5}a\right)^{\frac{2}{5}}(\xi-\xi_0)=\frac{\alpha}{(\beta-\alpha)\sqrt{\left(-\frac{1}{5}a\right)^{\frac{1}{5}}u-\alpha}}+$$

$$\frac{\beta}{2(\beta-\alpha)\sqrt{\alpha-\beta}}\ln\left|\frac{\sqrt{\beta-\alpha}+\sqrt{\left(-\frac{1}{5}a\right)^{\frac{1}{5}}u-\alpha}}{\sqrt{\beta-\alpha}+\sqrt{\left(-\frac{1}{5}a\right)^{\frac{1}{5}}u-\alpha}}\right| \tag{1.2.86}$$

情形 2.5 $D_5=0,D_4=0,D_3=0,D_2=0$,则有 $F(t)=(t-\alpha)^5$,α 是实数,可得

$$\pm\frac{1}{2}\left(-\frac{2}{5}a\right)^{\frac{2}{5}}(\xi-\xi_0)=-\frac{1}{\sqrt{\left(-\frac{1}{5}a\right)^{\frac{1}{5}}u-\alpha}}-\frac{\alpha}{3\left(\left(-\frac{1}{5}a\right)^{\frac{1}{5}}u-\alpha\right)^{\frac{3}{2}}} \tag{1.2.87}$$

情形 2.6 $D_5=0,D_4>0$,有 $F(t)=(t-\alpha)^2(t-\alpha_1)(t-\alpha_2)(t-\alpha_3)$,$\alpha$、$\alpha_1$、$\alpha_2$、$\alpha_3$ 是不同实数。

情形 2.7 $D_5=0,D_4=0,D_3<0,E_2=0$,有 $F(t)=(t-\alpha)^3((t-l_1)^2+s_1^2)$,这里 α、l_1、s_1 是实数。

情形 2.8 $D_5=0,D_4<0$,有 $F(t)=(t-\alpha)^2(t-\beta)((t-l_1)^2+s_1^2)$,$\alpha$、$\beta$、$l_1$、$s_1$ 都是实数。

情形 2.9 $D_5=0,D_4=0,D_3>0,E_2=0$,有 $F(t)=(t-\alpha)^3(t-\beta)(t-\gamma)$,

α、β、γ 是不同实数。

情形 2.10　$D_5>0,D_4>0,D_3>0,D_2>0$，有 $F(t)=(t-\alpha_1)(t-\alpha_2)\cdot$
$(t-\alpha_3)(t-\alpha_4)(t-\alpha_5),\alpha_1$、$\alpha_2$、$\alpha_3$、$\alpha_4$、$\alpha_5$ 是不同实数。

情形 2.11　$D_5<0$，有 $F(t)=(t-\alpha_1)(t-\alpha_2)(t-\alpha_3)((t-l_1)^2+s_1^2)$，$\alpha_1$、
α_2、α_3、l_1、s_1 都是实数。

情形 2.12　$D_5>0 \wedge (D_4 \leqslant 0 \vee D_3 \leqslant 0 \vee D_2 \leqslant 0)$，$\wedge$ 表示"和"，$\vee$ 表示"或"，
则有 $F(t)=(t-\alpha)((t-l_1)^2+s_1^2)((t-l_2)^2+s_2^2)$，$\alpha$、$l_1$、$s_1$、$l_2$、$s_2$ 是实数。

对于情形 2.6 至情形 2.12，相应解可由椭圆函数或双曲函数积分而得，
此处省略。

1.2.6　分类 $6\left(m=\dfrac{1}{2},n=\dfrac{3}{2}\right)$

本小节考虑当 $m=\dfrac{1}{2},n=\dfrac{3}{2}$ 时，$K(m,n)$ 方程的精确行波解的分类。作
变量代换 $u=v^2$，相应的解可由如下积分解出：

$$\pm \frac{1}{2}(\xi-\xi_0)=\int \frac{v^2 \mathrm{d}v}{\sqrt{a_5 v^5+a_4 v^4+a_3 v^3+a_0}} \qquad (1.2.88)$$

这里 $a_5=\dfrac{8k}{15},a_4=-\dfrac{2a}{3},a_3=-\dfrac{8C_0}{9},a_0=C_1$，且 C_0、C_1 是任意常数。

情形 1　$a_0=0$，作变量代换 $z=a_5^{\frac{1}{3}}v$，相应积分变为

$$\pm \frac{1}{2}a_5^{\frac{2}{3}}(\xi-\xi_0)=\int \frac{z\mathrm{d}z}{\sqrt{z^3+d_2 z^2+d_1 z}} \qquad (1.2.89)$$

这里 $d_2=a_4 a_5^{-\frac{2}{3}},d_1=a_3 a_5^{-\frac{1}{3}}$，记 $F(z)=z^3+d_2 z^2+d_1 z$，$\Delta=$
$-27\left(\dfrac{2d_2^3}{27}+d_0-\dfrac{d_1 d_0}{3}\right)^2-4\left(d_1-\dfrac{d_2^2}{3}\right)^3,D_1=d_1-\dfrac{d_2^2}{3}$。

情形 1.1　$\Delta=0,D_1<0$，则 $F(z)=(z-\alpha)^2 z$。当 $\alpha>0$，有

$$\pm \frac{1}{2}a_5^{\frac{2}{3}}(\xi - \xi_0) = 2a_5^{\frac{1}{5}}u^{\frac{1}{4}} + \sqrt{\alpha}\ln\left|\frac{a_5^{\frac{1}{5}}u^{\frac{1}{4}} - \sqrt{\alpha}}{a_5^{\frac{1}{5}}u^{\frac{1}{4}} + \sqrt{\alpha}}\right| \tag{1.2.90}$$

当 $\alpha < 0$ 时,有

$$\pm \frac{1}{2}a_5^{\frac{2}{3}}(\xi - \xi_0) = 2a_5^{\frac{1}{5}}u^{\frac{1}{4}} + \sqrt{-\alpha}\arctan\frac{a_5^{\frac{1}{5}}u^{\frac{1}{4}}}{\sqrt{-\alpha}} \tag{1.2.91}$$

情形 1.2　$\Delta = 0, D_1 = 0, F(z) = z^3$,相应解为

$$u = \frac{1}{196}a_5^2(\xi - \xi_0)^4 \tag{1.2.92}$$

情形 1.3　$\Delta > 0, D_1 < 0$ 或 $\Delta < 0$,相应解可由椭圆函数或双曲函数积分而得,此处省略。

情形 2　$a_0 \neq 0$,作变换 $v = a_5^{-\frac{1}{5}}t - \frac{a_4}{5a_5}$,可得

$$\pm \frac{1}{2}a_5^{\frac{3}{5}}(\xi - \xi_0) = \int \frac{(t + b)^2 \mathrm{d}t}{\sqrt{t^5 + pt^3 + qt^2 + rt + s}} \tag{1.2.93}$$

这里 $b = -\frac{1}{5}a_4 a_5^{-\frac{4}{5}}$, $p = a_5^{-\frac{3}{5}}\left(-\frac{2}{5}\frac{a_4^2}{a_5} + a_3\right)$, $q = a_5^{-\frac{2}{5}}\left(\frac{4}{25}\frac{a_4^3}{a_5^2} - \frac{3}{5}\frac{a_3 a_4}{a_5}\right)$, $r = a_5^{-\frac{1}{5}} \cdot$

$\left(-\frac{3}{125}\frac{a_4^4}{a_5^3} + \frac{3}{25}\frac{a_3 a_4^2}{a_5^2}\right)$, $s = a_0 - \frac{1}{125}\frac{a_4^3 a_3}{a_5^3} + \frac{4}{5^4}\frac{a_5^5}{a_4^4}$,记 $F(t) = t^5 + pt^3 + qt^2 + rt + s$,

相应五阶多项式判别系统为

$$
\begin{cases}
D_2 = -p \\
D_3 = 40rp - 12p^3 - 45q^2 \\
D_4 = 12p^4 r - 4p^3 q^2 + 117prq^2 - 88r^2 p^2 - 40qsp^2 - 27q^4 - 300qrs + 160r^3 \\
D_5 = -1600qsr^3 - 3750pqs^3 + 2000ps^2 r^2 - 4p^3 q^2 r^2 + 16p^3 q^3 s - 900rs^2 p^3 + \\
\qquad 825p^2 q^2 s^2 + 144pq^2 r^3 + 2250rq^2 s^2 + 16p^4 r^3 + 108p^5 s^2 - 128r^4 p^2 - \\
\qquad 27r^2 q^4 + 108sq^5 + 256r^5 + 3125s^4 - 72rsqp^4 + 560sqr^2 p^2 - 630prsq^3 \\
E_2 = 160r^2 p^3 + 900q^2 r^2 - 48rp^5 + 60rp^2 q^2 + 1500pqrs + 16q^2 p^4 - \\
\qquad 1100qsp^3 + 625s^2 p^2 - 3375sq^3 \\
F_2 = 3q^2 - 8rp
\end{cases}
$$

相应解有十二种情形需要讨论。

情形 2.1 $D_5=0, D_4=0, D_3>0, E_2\neq0$ 时，有 $f(t)=(t-\alpha)^2(t-\beta)^2(t-\gamma)$，$\alpha\neq\beta\neq\gamma, \alpha, \beta, \gamma$ 是实数。当 $\gamma>\alpha, \gamma>\beta$，有

$$\pm\frac{1}{4}a_5^{\frac{3}{5}}(\xi-\xi_0)=y+\frac{(b+\alpha)^2}{\alpha-\beta}\frac{1}{\sqrt{\gamma-\alpha}}\arctan\frac{y}{\sqrt{\gamma-\alpha}}-$$

$$\frac{(b+\beta)^2}{\alpha-\beta}\frac{1}{\sqrt{\gamma-\beta}}\arctan\frac{y}{\sqrt{\gamma-\beta}} \qquad (1.2.94)$$

当 $\alpha<\gamma<\beta$ 时，有

$$\pm\frac{1}{4}a_5^{\frac{3}{5}}(\xi-\xi_0)=y+\frac{(b+\alpha)^2}{\alpha-\beta}\frac{1}{\sqrt{\gamma-\alpha}}\arctan\frac{y}{\sqrt{\gamma-\alpha}}+$$

$$\frac{(b+\beta)^2}{\alpha-\beta}\frac{1}{2\sqrt{\beta-\gamma}}\ln\left|\frac{\sqrt{\beta-\gamma}+y}{\sqrt{\beta-\gamma}-y}\right| \qquad (1.2.95)$$

当 $\gamma<\alpha, \gamma<\beta$ 时，有

$$\pm\frac{1}{4}a_5^{\frac{3}{5}}(\xi-\xi_0)=y-\frac{(b+\alpha)^2}{\alpha-\beta}\frac{1}{2\sqrt{\alpha-\gamma}}\ln\left|\frac{\sqrt{\alpha-\gamma}+y}{\sqrt{\alpha-\gamma}-y}\right|+$$

$$\frac{(b+\beta)^2}{\alpha-\beta}\frac{1}{2\sqrt{\beta-\gamma}}\ln\left|\frac{\sqrt{\beta-\gamma}+y}{\sqrt{\beta-\gamma}-y}\right| \qquad (1.2.96)$$

这里 $y=\sqrt{a_5^{\frac{1}{5}}u^{\frac{1}{2}}+\frac{1}{5}a_4a_5^{-\frac{4}{5}}-\gamma}, b=-\frac{1}{5}a_4a_5^{-\frac{4}{5}}$。

情形 2.2 $D_5=0, D_4=0, D_3=0, D_2\neq0, F_2=0$，有 $f(t)=(t-\alpha)^4(t-\beta)$，其中 α, β 是实数，$\alpha\neq\beta$。当 $\alpha<\beta$ 时，有

$$\pm\frac{1}{4}a_5^{\frac{3}{5}}(\xi-\xi_0)=y-\frac{(b+\alpha)^2}{\alpha-\beta}\frac{1}{2\sqrt{\alpha-\gamma}}\ln\left|\frac{\sqrt{\alpha-\gamma}+y}{\sqrt{\alpha-\gamma}-y}\right|+$$

$$\frac{(b+\beta)^2}{\alpha-\beta}\frac{1}{2\sqrt{\beta-\gamma}}\ln\left|\frac{\sqrt{\beta-\gamma}+y}{\sqrt{\beta-\gamma}-y}\right|,$$

$$\pm\frac{1}{4}a_5^{\frac{3}{5}}(\xi-\xi_0)=y+\frac{2(b+\alpha)}{\sqrt{\beta-\alpha}}\arctan\frac{y}{\sqrt{\beta-\alpha}}+$$

$$\frac{(b+\alpha)^2}{2(\beta-\alpha)^{\frac{3}{2}}}\left[\frac{y\sqrt{\beta-\alpha}}{\beta-\alpha+y^2}+\arctan\frac{y}{\sqrt{\beta-\alpha}}\right] \tag{1.2.97}$$

当 $\alpha>\beta$ 时，有

$$\pm\frac{1}{4}a_5^{\frac{3}{5}}(\xi-\xi_0)=y-\frac{b+\alpha}{\sqrt{\alpha-\beta}}\ln\left|\frac{\sqrt{\alpha-\beta}+y}{\sqrt{\alpha-\beta}-y}\right|+$$

$$\frac{(b+\alpha)^2}{2(\alpha-\beta)}\left[\frac{y\sqrt{\alpha-\beta}}{\sqrt{\alpha-\beta}-y^2}+\ln\left|\frac{\sqrt{\sqrt{\alpha-\beta}}+y}{\sqrt{\sqrt{\alpha-\beta}}-y^2}\right|\right]$$

$$\tag{1.2.98}$$

这里 $y=\sqrt{a_5^{\frac{1}{5}}u^{\frac{1}{2}}+\frac{1}{5}a_4a_5^{-\frac{4}{5}}-\gamma}$，$b=-\frac{1}{5}a_4a_5^{-\frac{4}{5}}$。

情形 2.3 $D_5=0,D_4=0,D_3<0,E_2\neq0$，此时 $f(t)=(t-\alpha)\cdot$ $(t^2+pt+q)^2$，其中 α 是一个实数，$p^2-4q<0$。作变换 $y=\sqrt{t-\alpha}$，则有

$$\pm\frac{1}{4}a_5^{\frac{3}{5}}(\xi-\xi_0)=\int\left[1+\frac{2bp}{2AB}\left(\frac{(-B+\alpha)y+A\alpha}{y^2+Ay+B}-\frac{(-B+\alpha)y-A\alpha}{y^2-Ay+B}\right)+\right.$$

$$\left.\frac{b^2q}{2AB}\left(\frac{y+A}{y^2+Ay+B}-\frac{y-A}{y^2-Ay+B}\right)\right]dy \tag{1.2.99}$$

这里 A、B 满足 $2B-A^2=p+2\alpha$，$B^2=\alpha^2+p\alpha+q$。

情形 2.3.1 $A^2-4B>0,y^2+Ay+B=(y-y_1)(y-y_2),y^2-Ay+B=$ $(y-y_3)(y-y_4)$，相应解为

$$\pm\frac{1}{4}a_5^{\frac{3}{5}}(\xi-\xi_0)=y+\frac{2bp}{2AB}\left((-B+\alpha)\ln\left|\frac{y-y_2}{y-y_4}\right|+\frac{(-B+\alpha)y_1+A\alpha}{y_1-y_2}\ln\left|\frac{y-y_1}{y-y_2}\right|-\right.$$

$$\frac{(-B+\alpha)y_3-A\alpha}{y_3-y_4}\ln\left|\frac{y-y_3}{y-y_4}\right|\right)+\frac{b^2-q}{2AB}\left(\frac{y_1+A}{y_1-y_2}\ln|y-y_1|-\frac{y_2+A}{y_1-y_2}\ln|y-y_2|-\right.$$

$$\left.\frac{y_3+A}{y_3-y_4}\ln|y-y_3|+\frac{y_4-A}{y_3-y_4}\ln|y-y_4|\right) \tag{1.2.100}$$

情形 2.3.2 $A^2-4B=0,y^2+Ay+B=(y-y_1)^2,y^2-Ay+B=$

$(y-y_2)^2$,可得

$$\pm\frac{1}{4}a_5^{\frac{3}{5}}(\xi-\xi_0)=$$

$$y-\frac{p+q}{2AB}\ln\left|\frac{y-y_1}{y-y_2}\right|+\frac{p((-B+\alpha+b)y_1+A\alpha+Ab)+q(y_1+A)}{2AB}\frac{1}{y-y_1}-$$

$$\frac{p((-B+\alpha+b)y_1-A\alpha-Ab)-q(y_2-A)}{2AB}\frac{1}{y-y_2}\qquad(1.2.101)$$

情形 2.3.3　$A^2-4B<0$,有

$$\pm\frac{1}{4}a_5^{\frac{3}{5}}(\xi-\xi_0)=y+\frac{b^2-q+(2b-p)(-B+\alpha)}{4AB}\ln\left|\frac{y^2+Ay+B}{y^2-Ay+B}\right|+$$

$$\frac{b^2-q+(2b-p)(B+\alpha)}{4B\sqrt{B-\frac{A^2}{4}}}\arctan\frac{y+\frac{A}{2}}{\sqrt{B-\frac{A^2}{4}}}+$$

$$\frac{-b^2+q+(2b-p)(B+\alpha)}{4B\sqrt{B-\frac{A^2}{4}}}\arctan\frac{y-\frac{A}{2}}{\sqrt{B-\frac{A^2}{4}}}\qquad(1.2.102)$$

这里 $y=\sqrt{a_5^{\frac{1}{5}}u^{\frac{1}{2}}+\frac{1}{5}a_4a_5^{-\frac{4}{5}}-\alpha}$,$b=-\frac{1}{5}a_4a_5^{-\frac{4}{5}}$。

情形 2.4　$D_5=0,D_4=0,D_3=0,D_2\neq0,F_2\neq0$,此时 $f(t)=(t-\alpha)^3\cdot$ $(t-\beta)^2$,其中 α、β是实数。当 $\beta>\alpha$ 时,有

$$\pm\frac{1}{4}a_5^{\frac{3}{5}}(\xi-\xi_0)=y-\frac{(b+\alpha)^2}{(\beta-\alpha)\sqrt{\beta-\alpha}}\arctan\frac{y}{\sqrt{\beta-\alpha}}-\frac{(B+\beta)^2}{(\beta-\alpha)y}$$

$$(1.2.103)$$

当 $\beta<\alpha$ 时,有

$$\pm\frac{1}{4}a_5^{\frac{3}{5}}(\xi-\xi_0)=y+\frac{(b+\alpha)^2}{2(\beta-\alpha)\sqrt{\alpha-\beta}}\ln\left|\frac{\sqrt{\alpha-\beta}+y}{\sqrt{\alpha-\beta}-y}\right|-\frac{\beta^2}{(\beta-\alpha)y}$$

$$(1.2.104)$$

这里 $y=\sqrt{a_5^{\frac{1}{5}}u^{\frac{1}{2}}+\dfrac{1}{5}a_4a_5^{-\frac{4}{5}}-\beta}$，$b=-\dfrac{1}{5}a_4a_5^{-\frac{4}{5}}$。

情形 2.5 　$D_5=0$，$D_4=0$，$D_3=0$，$D_2=0$，此时 $f(t)=(t-\alpha)^5$，α 是实数，有

$$\pm\frac{1}{4}a_5^{\frac{3}{5}}(\xi-\xi_0)=y-\frac{2(\alpha+b)}{y}-\frac{(b+\alpha)^2}{3y^3} \tag{1.2.105}$$

这里 $y=\sqrt{a_5^{\frac{1}{5}}u^{\frac{1}{2}}+\dfrac{1}{5}a_4a_5^{-\frac{4}{5}}-\alpha}$，$b=-\dfrac{1}{5}a_4a_5^{-\frac{4}{5}}$。

情形 2.6 　$D_5=0$，$D_4>0$；$D_5=0$，$D_4=0$，$D_3<0$，$E_2=0$；$D_5=0$，$D_4<0$；$D_5=0$，$D_4=0$，$D_3>0$，$E_2=0$；$D_5>0$，$D_4>0$，$D_3>0$，$D_2>0$；$D_5<0$。对于以上几种情形，所有相应的解都可以由椭圆函数或双曲函数积分而得，此处省略。

1.3　Camassa-Holm-Degasperis-Procesi 方程精确行波解的分类

本节讨论卡马萨–霍尔姆–德加斯佩里斯–普罗西塞（Camassa-Holm-Degasperis-Procesi，CH－DP）方程

$$u_t-c_0u_x+(b+1)uu_x-a^2(u_{xxt}+uu_{xxx}+bu_xu_{xx})+\gamma u_{xxx}=0$$

$$\tag{1.3.1}$$

的精确行波解的分类[15]。这里 b 是一参数，且 $b\neq1$、$b\neq0$。CH 方程、CH－γ 方程都是 CH－DP 方程的特殊形式。关于 CH－DP 方程行波分叉问题已有学者用动力系统的手段进行研究，见文献[35]。本节将利用多项式完全判别系统法给出 CH－DP 方程在参数 b 取不同值时的精确行波解的分类，特别地，对一些给定的参数给出了具体的解的表达式。

作行波变换 $u=u(\xi)$，$\xi=x-ct$，CH－DP 方程退化成如下常微分方程：

$$-(c+c_0)u' + (b+1)uu' - \alpha^2(uu''' + bu'u'') + (\alpha^2 c + \gamma)u''' = 0$$

$$(1.3.2)$$

积分一次得

$$-(c+c_0)u + \frac{1}{2}(b+1)u^2 - (\alpha^2 u - \alpha^2 c - \gamma)u'' - \frac{1}{2}(b-1)\alpha^2(u')^2 + g_1 = 0$$

$$(1.3.3)$$

这里 g_1 是积分常数。令 $y=(u')^2$，有 $u''=\frac{1}{2}\left(\dfrac{\mathrm{d}y}{\mathrm{d}u}\right)$，代入上式得

$$y' + \frac{b-1}{u-c-\dfrac{\gamma}{\alpha^2}}y + \frac{2(c+c_0)u - (b+1)u^2 - 2g_1}{\alpha^2 u - c - \dfrac{\gamma}{\alpha^2}} = 0 \quad (1.3.4)$$

令 $p(u)=\dfrac{b-1}{u-c-\dfrac{\gamma}{\alpha^2}}$，$q(u)=\dfrac{2(c+c_0)u-(b+1)u^2-2g_1}{\alpha^2 u - c - \dfrac{\gamma}{\alpha^2}}$，于是有

$$y' + p(u)y + q(u) = 0 \quad (1.3.5)$$

应用常数变异法，可以得到常微分方程的解为

$$y = \mathrm{e}^{-\int p(u)\mathrm{d}u} \cdot \left(g_2 - \int q(u)\mathrm{e}^{\int p(u)\mathrm{d}u}\mathrm{d}u\right) \quad (1.3.6)$$

这里 g_2 是积分常数。根据上式，可以给出当 $b=-1$、$b=-2$ 和 $b=3$ 时，CH - DP 方程的精确行波解的分类。

（1）$b=-1$，CH - DP 方程如下

$$u_t - c_0 u_x - \alpha^2(u_{xxt} + uu_{xxx} + bu_x u_{xx}) + \gamma u_{xxx} = 0 \quad (1.3.7)$$

将 $p(u)$ 和 $q(u)$ 代入式（1.3.6）的解中，并令 $b=-1$，原方程的解可由如下积分给出

$$\pm(\xi - \xi_0) =$$

$$\int \frac{\mathrm{d}u}{\sqrt{g_2\left(u-c-\dfrac{\gamma}{\alpha^2}\right)^2 + \dfrac{2(c+c_0)}{\alpha^2}\left(u-c-\dfrac{\gamma}{\alpha^2}\right) + \dfrac{(c+c_0)\left(c+\dfrac{\gamma}{\alpha^2}\right)-g_1}{\alpha^2}}}$$

$$(1.3.8)$$

作变换 $w = g_2^{\frac{1}{2}}\left(u - c - \dfrac{\gamma}{\alpha^2}\right)$，积分方程变为

$$\pm g_2^{\frac{1}{2}}(\xi - \xi_0) = \int \frac{\mathrm{d}w}{\sqrt{w^2 + a_1 w + a_0}} \tag{1.3.9}$$

这里

$$a_1 = \frac{2(c + c_0)}{\alpha^2}, a_0 = \frac{(c + c_0)\left(c + \dfrac{\gamma}{\alpha^2}\right) - g_1}{\alpha^2} \tag{1.3.10}$$

记 $F(w) = w^2 + a_1 w + a_0$，它的判别式为 $\Delta = a_1^2 - 4a_0$，方程的解有如下两种情形：

情形 1 $\Delta = 0$，可得

$$u = \pm g_2^{-\frac{1}{2}} e^{\pm g_2^{\frac{1}{2}}(x - a - \xi_0)} - \frac{g_2^{-1}(c + c_0) - \gamma}{\alpha^2} + c \tag{1.3.11}$$

这里 g_2 是任意常数。

情形 2 $\Delta > 0$ 或 $\Delta < 0$，可得解

$$u = \pm \frac{1}{2} g_2^{-\frac{1}{2}} e^{g_2^{\frac{1}{2}}(x - ct - \xi_0)} \pm \left(\frac{g_2^{-\frac{3}{2}}(c + c_0)^2 - g_2^{-\frac{1}{2}}(c + c_0)(\alpha^2 + \gamma) - \alpha^2 g_1}{2\alpha^4}\right) \cdot$$

$$e^{\mp g_2^{\frac{1}{2}}(x - ct - \xi_0)} - \frac{g_2^{-1}(c + c_0) - \gamma}{\alpha^2} + c \tag{1.3.12}$$

可以对给定的具体参数值得出相应的解：

①$\alpha = 1, \gamma = \dfrac{3}{2}, c = \dfrac{1}{2}, c_0 = \dfrac{1}{2}$，令 $g_1 = 1, g_2 = 1$，则有 $F(w) = (w + 1)^2$，相应解为

$$u = e^{\pm(x - \frac{1}{2}t - \xi_0)} + 1 \tag{1.3.13}$$

② $\alpha = 1, \gamma = 1, c = 1, c_0 = -2$，令 $g_1 = 1, g_2 = 1$，则有 $F(w) = (w + 1)(w - 3)$，相应解为

$$u = \pm \frac{1}{2} e^{\pm(x - t - \xi_0)} \pm 4 e^{\mp(x - t - \xi_0)} + 3 \tag{1.3.14}$$

（2）$b=-2$，CH‐DP 方程变为

$$u_t - c_0 u_x - u u_x - \alpha^2 (u_{xxt} + u u_{xxx} + b u_x u_{xx}) + \gamma u_{xxx} = 0 \quad (1.3.15)$$

将 $p(u)$ 和 $q(u)$ 代入式（1.3.6）的解中，令 $b=-2, v=u-c-\dfrac{\gamma}{\alpha^2}$，原方程的解可由如下积分给出

$$\pm (\xi - \xi_0) =$$

$$\int \frac{\mathrm{d}u}{\sqrt{g_2 v^3 + \dfrac{1}{\alpha^2} v^2 + \dfrac{2c + c_0 + \dfrac{\gamma}{\alpha^2}}{\alpha^2} v + \dfrac{\left(c + \dfrac{\gamma}{\alpha^2}\right)\left(3c + c_0 + \dfrac{\gamma}{\alpha^2}\right) - 2g_1}{3\alpha^2}}}$$

$$(1.3.16)$$

取变换 $w=g_2^{\frac{1}{3}} v$，可得

$$\pm \frac{1}{2} g_2^{\frac{1}{3}} (\xi - \xi_0) = \int \frac{\mathrm{d}w}{\sqrt{w^3 + d_2 w^2 + d_1 w + d_0}} \quad (1.3.17)$$

这里

$$d_0 = \frac{\left(c + \dfrac{\gamma}{\alpha^2}\right)\left(3c + c_0 + \dfrac{\gamma}{\alpha^2}\right) - 2g_1}{3\alpha^2} \quad (1.3.18)$$

$$d_1 = \frac{2c + c_0 + \dfrac{\gamma}{\alpha^2}}{\alpha^2 \sqrt{3} g_2}, \quad d_2 = \frac{1}{\alpha^2 \sqrt[3]{g_2^2}} \quad (1.3.19)$$

记 $F(w) = w^3 + d_2 w^2 + d_1 w + d_0$，三阶多项式判别系统为 $\Delta = -27 \left(\dfrac{2 d_2^3}{27} + d_0 - \dfrac{d_1 d_0}{3}\right)^2 - 4 \left(d_1 - \dfrac{d_2^2}{3}\right)^3$，$D_1 = d_1 - \dfrac{d_2^2}{3}$。由多项式判别系统，可得 CH‐DP 方程的解有如下四种情形：

情形 1　$\Delta = 0, D_1 < 0$，则 $F(w) = (w - w_1)^2 (w - w_2)$，$w_1 \neq w_2$，对应解为

$$u = g_2^{\frac{1}{3}} \left((w_1 - w_2) \tanh^2 \left(\frac{\sqrt{w_1 - w_2}}{2} g_2^{\frac{1}{3}} (x - ct - \xi_0) \right) + w_2 \right) +$$

$$c + \frac{\gamma}{\alpha^2}, w_1 > w_2$$

$$u = g_2^{-\frac{1}{3}} \left((w_1 - w_2) \coth^2 \left(\frac{\sqrt{w_1 - w_2}}{2} g_2^{\frac{1}{3}} (x - ct - \xi_0) \right) + w_2 \right) +$$

$$c + \frac{\gamma}{\alpha^2}, w_1 > w_2 \tag{1.3.20}$$

$$u = g_2^{-\frac{1}{3}} \left((w_1 - w_2) \tanh^2 \left(\frac{\sqrt{w_2 - w_1}}{2} g_2^{\frac{1}{3}} (x - ct - \xi_0) \right) + w_1 \right) +$$

$$c + \frac{\gamma}{\alpha^2}, w_1 < w_2 \tag{1.3.21}$$

情形 2 $\Delta = 0, D_1 = 0$，则有 $f(w) = (w - w_1)^3$，相应解为

$$u = \frac{4}{g_2 (x - ct - \xi_0)^2} + g_2^{-\frac{1}{3}} w_1 + c + \frac{\gamma}{\alpha^2} \tag{1.3.22}$$

情形 3 $\Delta > 0, D_1 < 0$，可有 $F(w) = (w - w_1)(w - w_2)(w - w_3), w_1 < w_2 < w_3$。当 $w_1 < w < w_2$ 解为

$$u = g_2^{-\frac{1}{3}} - \frac{1}{3} \left(w_1 + (w_2 - w_1) \operatorname{sn}^2 \left(\frac{\sqrt{w_3 - w_1}}{2} g_2^{\frac{1}{3}} (x - ct - \xi_0), \right. \right.$$

$$\left. \left. \pm \sqrt{\frac{w_2 - w_1}{w_3 - w_1}} \right) \right) + c + \frac{\gamma}{\alpha^2} \tag{1.3.23}$$

当 $w > w_3$，解为

$$u = g_2^{-\frac{1}{3}} \left[\frac{w_3 - w_2 \operatorname{sn}^2 \left[\frac{\sqrt{w_3 - w_1}}{2} g_2^{\frac{1}{3}} (x - ct - \xi_0), \pm \sqrt{\frac{w_2 - w_1}{w_3 - w_1}} \right]}{\operatorname{cn}^2 \left[\frac{\sqrt{w_3 - w_1}}{2} g_2^{\frac{1}{3}} (x - ct - \xi_0), \pm \sqrt{\frac{w_2 - w_1}{w_3 - w_1}} \right]} \right] + c + \frac{\gamma}{\alpha^2}$$

$$\tag{1.3.24}$$

情形 4　$\Delta < 0$, 则 $F(w) = (w - w_1)(w^2 + sw + t)$, $s^2 - 4t < 0$, 解为

$$u = g_2^{-\frac{1}{3}}\left[w_1 - \sqrt{w_1^2 + sw_1 + t} + \frac{2\sqrt{w_1^2 + sw_1 + t}}{1 + \mathrm{cn}((w_1^2 + sw_1 + t)^{\frac{1}{4}} g_2^{\frac{1}{3}}(x - ct - \xi_0), m)}\right] +$$

$$c + \frac{\gamma}{\alpha^2} \tag{1.3.25}$$

这里 $m^2 = \dfrac{1}{2}\left[1 - \dfrac{w_1 + \dfrac{s}{2}}{\sqrt{w_1^2 + sw_1 + t}}\right]$。

下面给出几组具体参数下 CH－DP 方程的解:

① $\alpha = 1, \gamma = -1, c = 1, c_0 = -1$, 令 $g_1 = 0, g_2 = \dfrac{1}{3\sqrt{3}}$, 此时有 $F(w) = w^2(w + 3)$, 相应的解为

$$u = 3\sqrt{3}\,\tanh^2\left(\frac{1}{2}(x - t - \xi_0) - 3\right) \tag{1.3.26}$$

$$u = 3\sqrt{3}\,\coth^2\left(\frac{1}{2}(x - t - \xi_0) - 3\right) \tag{1.3.27}$$

② $\alpha = 1, \gamma = \sqrt{3}, c = 1, c_0 = -2$, 令 $g_1 = \dfrac{1}{2}, g_2 = 3^{-\frac{3}{2}}$, 则有 $F(w) = (w + 1)^3$, 相应解为

$$u = \frac{12\sqrt{3}}{(x - t - \xi_0)^2} + 1 \tag{1.3.28}$$

③ $\alpha = 1, \gamma = -2, c = 1, c_0 = -2$, 令 $g_1 = 8, g_2 = \dfrac{1}{8}$, 有 $F(w) = (w + 4)(w + 2) \cdot (w - 2)$。当 $-9 < u < -5$ 时, 可得解

$$u = 4\mathrm{sn}^2\left[\frac{\sqrt{6}}{4}(x - t - \xi_0), \pm\frac{\sqrt{3}}{3}\right] - 9 \tag{1.3.29}$$

当 $u > 3$ 时, 相应解为

$$u = 4 \left[\frac{1 + \mathrm{sn}^2 \left[\frac{\sqrt{6}}{4}(x - t - \xi_0), \pm\frac{\sqrt{3}}{3} \right]}{\mathrm{cn}^2 \left[\frac{\sqrt{6}}{4}(x - t - \xi_0), \pm\frac{\sqrt{3}}{3} \right]} \right] - 1 \tag{1.3.30}$$

④$\alpha = 1, \gamma = -1, c = 1, c_0 = 2$,令 $g_1 = -2, g_2 = \frac{1}{8}$,有 $F(w) = (w + 2)(w^2 + 2w + 2)$,相应解为

$$u = -4 - 2\sqrt{2} + \frac{4\sqrt{2}}{1 + \mathrm{cn}\left[2^{-\frac{3}{4}}(x - t - \xi_0), \pm\frac{\sqrt{2 + \sqrt{2}}}{2} \right]} \tag{1.3.31}$$

(3)$b = 3$,CH - DP 方程形如

$$u_t - c_0 u_x + 4uu_x - \alpha^2(u_{xxt} + uu_{xxx} + bu_x u_{xx}) + \gamma u_{xxx} = 0 \tag{1.3.32}$$

将 $p(u)$ 和 $q(u)$ 代入式(1.3.6)的解中,令 $b = 3, v = u - c - \frac{\gamma}{\alpha^2}$,解可由如下积分形式给出:

$$\pm\frac{1}{\alpha}(\xi - \xi_0) = \int \frac{v\mathrm{d}v}{\sqrt{v^4 + a_3 v^3 + a_2 v^2 + a_0}} \tag{1.3.34}$$

这里 $a_3 = 2c - \frac{2}{3}c_0 + \frac{8\gamma}{3\alpha^2}, a_2 = \left((c + c_0)\left(c + \frac{\gamma}{\alpha^2} \right) - g_1 \right), a_0 = g_2\alpha^2$。

情形 1 $a_0 = 0$,此时可得

$$\pm\frac{1}{\alpha}(\xi - \xi_0) = \int \frac{\mathrm{d}v}{\sqrt{v^2 + a_3 v + a_2}} \tag{1.3.35}$$

记 $\Delta = a_3^2 - 4a_2$,解有两种情形需要讨论。

情形 1.1   若 $\Delta = 0$,则相应解为

$$u = \pm e^{\pm\frac{1}{\alpha}(x - ct - \xi_0)} + \frac{c_0}{3} - \frac{\gamma}{3\alpha^2} \tag{1.3.36}$$

情形 1.2   若 $\Delta > 0$ 或 $\Delta < 0$,相应解为

$$u = \pm e^{\pm\frac{1}{\alpha}(x - ct - \xi_0)} + \left(\frac{c_0^2}{18} - \frac{17\gamma^2}{18\alpha^4} + \frac{cc_0}{6} + \frac{c_0\gamma}{18\alpha^2} - \frac{c\gamma}{6\alpha^2} - \frac{g_1}{2} \right) \cdot$$

$$\mathrm{e}^{\mp\frac{1}{a}(x-at-\xi_0)} + \frac{c_0}{3} - \frac{\gamma}{3\alpha^2} \qquad (1.3.37)$$

情形 2　$a_0 \neq 0$，作变换 $w = v + \frac{a_3}{4}$，积分形式解变为

$$\pm\frac{1}{\alpha}(\xi - \xi_0) = \int \frac{\left(w - \frac{a_3}{4}\right)\mathrm{d}w}{\sqrt{w^4 + pw^3 + qw^2 + r}} \qquad (1.3.38)$$

这里 $p = -\frac{3a_3^2}{8} + a_2, q = \frac{a_3^3}{8} - \frac{a_2 a_3}{2}, r = -\frac{3a_3^4}{256} + \frac{a_2 a_3^2}{16} + a_0$。记 $F(w) = w^4 +$

$pw^3 + qw^2 + r$，对应四阶多项式判别系统为

$$D_1 = 4, D_2 = -p, D_3 = 8rp - 2p^3 - 9q^2,$$

$$D_4 = 4p^4 r - p^3 q^2 + 36prq^2 - 32r^2 p^2 - \frac{27}{4}q^4 + 64r^3, E_2 = 9q^2 - 32pr$$

情形 2.1　$D_4 = 0, D_3 = 0, D_2 < 0$，则有 $F(w) = (w^2 + l^2)^2 (l > 0)$，因此

$p = 2l^2, q = 0$，从而有 $D_2 = -p = 2l^2 = \frac{3}{8}a_3^2 - a_2 < 0, q = \frac{a_3^3}{8} - \frac{a_2 a_3}{2} = 0$，所以

$a_3 = 0$ 或 $a_3 = \pm 4li$。

情形 2.1.1　若 $a_3 = 0$，则

$$\pm\frac{1}{\alpha}(\xi - \xi_0) = \int \frac{w\mathrm{d}w}{\sqrt{(w^2 + l^2)^2}} \qquad (1.3.39)$$

相应解为

$$u = \pm\sqrt{\mathrm{e}^{\pm\frac{2}{a}(x-at-\xi_0)} - l^2} + \frac{c}{2} + \frac{\gamma}{3\alpha^2} + \frac{c_0}{6} \qquad (1.3.40)$$

情形 2.1.2　若 $a_3 = \pm 4li$，有

$$\pm\frac{1}{\alpha}(\xi - \xi_0) = \int \frac{w\mathrm{d}w}{\sqrt{(w^2 + l^2)^2}} + \mathrm{i}\int \frac{\mathrm{d}w}{w^2 + l^2} \qquad (1.3.41)$$

相应解为

$$\pm\frac{1}{\alpha}(\xi-\xi_0)=\frac{1}{2}\ln\left|\left(u-\frac{c}{2}-\frac{\gamma}{3\alpha^2}-\frac{c_0}{6}\right)^2+l^2\right|\pm\mathrm{i}\arctan\frac{u-\dfrac{c}{2}-\dfrac{\gamma}{3\alpha^2}-\dfrac{c_0}{6}}{l}$$

$$(1.3.42)$$

情形 2.2 $D_4=0,D_3=0,D_2=0$,则有 $F(w)=w^4$,此时 $p=q=r=0$,所以 $a_3=a_2=a_0=0$,这种情况包含在情形 1 中。

情形 2.3 $D_4=0,D_3=0,D_2>0,E_2>0$,此时 $F(w)=(w-w_1)^2\cdot(w+w_1)^2(w_1>0)$。所以 $p=-2w_1^2,q=0$,有 $D_2=-p=-2w_1^2=\frac{3}{8}a_3^2-a_2$,$q=\frac{a_3^3}{8}-\frac{a_2a_3}{2}=0$,因此 $a_3=0$ 或 $a_3=\pm4w_1$。

情形 2.3.1 若 $a_3=\pm4w_1$,则 $a_0=0$。

情形 2.3.2 若 $a_3=0$,则有

$$\pm\frac{1}{\alpha}(\xi-\xi_0)=\int\frac{\mathrm{d}w}{w+w_1}+w_1\int\frac{\mathrm{d}w}{(w-w_1)(w+w_1)} \quad (1.3.43)$$

相应解为

$$u=\pm\sqrt{w_1^2\pm\mathrm{e}^{\pm\frac{2}{\alpha}(x-\alpha t-\xi_0)}}+c+\frac{\gamma}{\alpha^2} \quad (1.3.44)$$

情形 2.4 $D_4=0,D_3>0,D_2>0$,则有 $F(w)=(w-w_1)^2(w-w_2)(w-w_3),2w_1+w_2+w_3=0,w_2>w_3$。因为 $p=w_2w_3-3w_1^2=-\frac{3}{8}a_3^2+a_2$,$q=-2w_1w_2w_3+2w_1^3=\frac{a_3^3}{8}-\frac{a_2a_3}{2}$,$a_3$ 有两种情况 $a_3=4w_1$ 或其他,相应有如下情形:

情形 2.4.1 若 $a_3=4w_1$,则 $a_0=0$。这种情况包含在情形 1 中。

情形 2.4.2 若 $a_3\neq4w_1$,则

$$\pm\frac{1}{\alpha}(\xi-\xi_0)=\int\frac{\mathrm{d}w}{\sqrt{(w-w_2)(w-w_3)}}+$$

$$\left(w_1 - \frac{a_3}{4}\right)\int \frac{\mathrm{d}w}{(w - w_1)\sqrt{(w - w_2)(w - w_3)}}$$

$$(1.3.45)$$

当 $w_1 > w_2$ 且 $w > w_2$，或当 $w_1 < w_3$ 且 $w < w_3$ 时，有

$$\pm \frac{1}{\alpha}(x - ct - \xi_0) = \ln\left|u + A + w_1 + \sqrt{(u + A - w_2)(u + A - w_3)}\right| +$$

$$\left(w_1 - \frac{c}{2} + \frac{c_0}{6} - \frac{2\gamma}{3\alpha^2}\right) \cdot \frac{1}{\sqrt{(w_1 - w_2)(w_1 - w_3)}} \cdot$$

$$\ln\left|\frac{(\sqrt{(u + A - w_2)(w_1 - w_3)} - \sqrt{(u + A - w_3)(w_1 - w_2)})^2}{u + A - w_1}\right|$$

$$(1.3.46)$$

当 $w_1 > w_2, w < w_3$，或当 $w_1 < w_3$ 且 $w < w_2$ 时，有

$$\pm \frac{1}{\alpha}(x - ct - \xi_0) = \ln\left|u + A + w_1 + \sqrt{(u + A - w_2)(u + A - w_3)}\right| +$$

$$\left(w_1 - \frac{c}{2} + \frac{c_0}{6} - \frac{2\gamma}{3\alpha^2}\right) \frac{1}{\sqrt{(w_1 - w_2)(w_1 - w_3)}} \cdot$$

$$\ln\left|\frac{(\sqrt{(u + A - w_2)(w_3 - w_1)} - \sqrt{(u + A - w_3)(w_2 - w_1)})^2}{u + A - w_1}\right|$$

$$(1.3.47)$$

当 $w_2 > w_1 > w_3$ 时，有

$$\pm \frac{1}{\alpha}(x - ct - \xi_0) = \ln\left|u + A + w_1 + \sqrt{(u + A - w_2)(u + A - w_3)}\right| +$$

$$\left(w_1 - \frac{c}{2} + \frac{c_0}{6} - \frac{2\gamma}{3\alpha^2}\right) \frac{1}{\sqrt{(w_2 - w_1)(w_1 - w_3)}} \cdot$$

$$\arcsin \frac{(u + A - w_2)(w_1 - w_3) + (u + A - w_3)(w_1 - w_2)}{(u + A - w_1)(w_2 - w_3)}$$

$$(1.3.48)$$

这里 $A = \dfrac{c}{2} + \dfrac{c_0}{6} + \dfrac{\gamma}{3\alpha^2}$。

情形 2.5　$D_4 = 0, D_3 = 0, D_2 > 0, E_2 = 0$，则有 $F(w) = (w - w_1)^3 (w + 3w_1)$。因为 $p = -6w_1^2 = -\dfrac{3}{8}a_3^2 + a_2, q = 8w_1^3 = \dfrac{a_3^3}{8} - \dfrac{a_2 a_3}{2}, r = -3w_1^4 = a_0 + \dfrac{a_2 a_3^2}{16} - \dfrac{3a_3^4}{256}, a_3$ 有两种情况 $a_3 = 4w_1$ 或其他，相应有如下情形：

情形 2.5.1　若 $a_3 = 4w_1$，则 $a_0 = 0$。这种情况包含在情形 1 中。

情形 2.5.2　若 $a_3 \neq 4w_1$，则

$$\pm \frac{1}{\alpha}(\xi - \xi_0) = \int \frac{\mathrm{d}w}{\sqrt{(w - w_1)(w + 3w_1)}} +$$
$$\left(w_1 - \frac{a_3}{4}\right) \int \frac{\mathrm{d}w}{(w - w_1)\sqrt{(w - w_1)(w + 3w_1)}} \quad (1.3.49)$$

相应解为

$$\pm \frac{1}{\alpha}(x - ct - \xi_0) = \ln \left| u + A + w_1 + \sqrt{(u + A - w_1)(u + A + 3w_1)} \right| -$$
$$\frac{\left(w_1 - \dfrac{c}{2} + \dfrac{c_0}{6} - \dfrac{2\gamma}{3\alpha^2}\right)}{2w_1} \sqrt{\frac{u + A + 3w_1}{u + A - w_1}} \quad (1.3.50)$$

这里 $A = \dfrac{c}{2} + \dfrac{c_0}{6} + \dfrac{\gamma}{3\alpha^2}$。

情形 2.6　$D_4 = 0, D_2 D_3 < 0$，则 $F(w) = (w - w_1)^2 ((w + w_1)^2 + s^2)$。因为 $p = -2w_1^2 + s^2 = -\dfrac{3}{8}a_3^2 + a_2, q = -2w_1 s^2 = \dfrac{a_3^3}{8} - \dfrac{a_2 a_3}{2}, r = w_1^4 + w_1^2 s^2 = a_0 + \dfrac{a_2 a_3^2}{16} - \dfrac{3a_3^4}{256}, a_3$ 有两种情况 $a_3 = 4w_1$ 或其他，相应有如下情形：

情形 2.6.1　若 $a_3 = 4w_1$，则 $a_0 = 0$。这种情况包含在情形 1 中。

情形 2.6.2　若 $a_3 \neq 4w_1$，则

$$\pm \frac{1}{\alpha}(\xi - \xi_0) = \int \frac{\mathrm{d}w}{\sqrt{(w + w_1)^2 + s^2}} + \left(w_1 - \frac{a_3}{4}\right) \int \frac{\mathrm{d}w}{(w - w_1)\sqrt{(w + w_1)^2 + s^2}}$$

$$(1.3.51)$$

相应解为

$$\pm \frac{1}{\alpha}(x - ct - \xi_0) = \ln \left| u + A + w_1 + \sqrt{(w + w_1)^2 + s^2} \right| + \frac{w_1 - \frac{c}{2} + \frac{c_0}{6} - \frac{2\gamma}{3\alpha^2}}{\sqrt{4w_1^2 + s^2}} \cdot$$

$$\ln \left| \frac{\sigma(u + A) + \delta - \sqrt{(w + w_1)^2 + s^2}}{u + A - w_1} \right| \qquad (1.3.52)$$

这里 $A = \frac{c}{2} + \frac{c_0}{6} + \frac{\gamma}{3\alpha^2}, \delta = \frac{w_1^2 + s^2}{\sqrt{4w_1^2 + s^2}}, \sigma = \frac{3w_1}{\sqrt{4w_1^2 + s^2}}$。

情形 2.7　$D_4 > 0, D_3 > 0, D_2 > 0, F(w)$ 有四个单根。

情形 2.8　$D_4 < 0, D_2 D_3 \geqslant 0, F(w)$ 有两个单根和一对共轭复根。

情形 2.9　$D_4 > 0, D_2 D_3 \leqslant 0$，则有 $F(w) = ((w + w_1)^2 + s_1^2)((w + w_2)^2 + s_2^2), F(w)$ 有两对共轭复根。对于这三种情形，方程有椭圆函数解，这里省略。

下面给出几组具体参数下 CH - DP 方程的解。

① $\alpha = 1, \gamma = 1, c = 1, c_0 = 4$，令 $g_1 = 3, g_2 = 0$，有 $a_3 = 2, a_2 = 1$，相应解为

$$u = \pm \, \mathrm{e}^{\pm(x - t - \xi_0)} + 1 \qquad (1.3.53)$$

② $\alpha = 1, \gamma = -1, c = 1, c_0 = 2$，令 $g_1 = -3, g_2 = 0$，有 $a_3 = -2, a_2 = -3$，相应解为

$$u = \pm \frac{1}{2} \mathrm{e}^{\pm(x - t - \xi_0)} + \frac{7}{6} \mathrm{e}^{\mp(x - t - \xi_0)} + 1 \qquad (1.3.54)$$

③ $\alpha = 1, \gamma = -2, c = 3, c_0 = 1$，令 $g_1 = 6, g_2 = 4, F(w) = (w^2 + 1)^2$，相应解为

$$u = \pm \sqrt{\mathrm{e}^{\pm 2(x - 3t - \xi_0)} - 4} + 1 \qquad (1.3.55)$$

④$\alpha=1,\gamma=-i,c=3i,c_0=-i$，令 $g_1=0,g_2=8,F(w)=(w^2+1)^2$，相应解为

$$\pm(x-3it-\xi_0)=\frac{1}{2}\ln|u^2-2iu|-i\arctan(u-i) \qquad (1.3.56)$$

⑤$\alpha=1,\gamma=-i,c=2,c_0=2$，令 $g_1=0,g_2=1,F(w)=(w+1)^2(w-1)^2$，相应解为

$$u=\pm\sqrt{e^{\pm2(x-2t-\xi_0)}+1}+1 \qquad (1.3.57)$$

⑥$\alpha=1,\gamma=-3,c=3,c_0=-3\sqrt{3}$，令 $g_1=3-3\sqrt{3},g_2=\dfrac{6\sqrt{3}-9}{4}$，有 $F(w)=(w-1)^2w(w+2)$。当 $w>0$ 时，相应解为

$$\pm(x-3t-\xi_0)=\ln\left|u+\frac{\sqrt{3}+1}{2}+\sqrt{\left[u+\frac{\sqrt{3}-1}{2}\right]^2+2\left[u+\frac{\sqrt{3}-1}{2}\right]}\right|+$$

$$\frac{\sqrt{3}+3}{6}\ln\frac{4u+2\sqrt{3}-2\sqrt{3\left[u+\frac{\sqrt{3}-1}{2}\right]^2+6\left[u+\frac{\sqrt{3}-1}{2}\right]}}{\left|u+\frac{\sqrt{3}-3}{2}\right|}$$

$$(1.3.58)$$

当 $w<-2$ 时，相应解为

$$\pm(x-3t-\xi_0)=\ln\left|u+\frac{\sqrt{3}+1}{2}+\sqrt{\left[u+\frac{\sqrt{3}-1}{2}\right]^2+2\left[u+\frac{\sqrt{3}-1}{2}\right]}\right|+$$

$$\frac{\sqrt{3}+3}{6}\ln\frac{-4u-2\sqrt{3}-2\sqrt{3\left[u+\frac{\sqrt{3}-1}{2}\right]^2-6\left[u+\frac{\sqrt{3}-1}{2}\right]}}{\left|u+\frac{\sqrt{3}-3}{2}\right|}$$

$$(1.3.59)$$

⑦$\alpha=1,\gamma=-3,c=1,c_0=3$, 令 $g_1=2$, $g_2=-27$, 有 $F(w)=(w-1)^3\cdot(w+3)$,相应解为

$$\pm(x-t-\xi_0)=\ln\mid u+1+\sqrt{(u-1)(u+3)}\mid-\frac{3}{2}\sqrt{\frac{u+3}{u-1}}$$

$$(1.3.60)$$

⑧$\alpha=1,\gamma=-3,c=3,c_0=-3\sqrt{7}\,\mathrm{i}$, 令 $g_1=\dfrac{13+7\sqrt{7}\,\mathrm{i}}{2}$, $g_2=-7-3\sqrt{7}\,\mathrm{i}$, 有 $F(w)=(w-1)^2((w+1)^2+4)$,相应解为

$$\pm(x-3t-\xi_0)=\ln\left|u+\frac{1+\sqrt{7}\,\mathrm{i}}{2}+\sqrt{\left[u+\frac{1+\sqrt{7}\,\mathrm{i}}{2}\right]^2+4}\right|+$$

$$\frac{3-\sqrt{7}\,\mathrm{i}}{4\sqrt{2}}\ln\left|\frac{\dfrac{3}{2\sqrt{2}}u+\dfrac{7+3\sqrt{7}\,\mathrm{i}}{4\sqrt{2}}-\sqrt{\left[u+\dfrac{1+\sqrt{7}\,\mathrm{i}}{2}\right]^2+4}}{u-\dfrac{3-\sqrt{7}\,\mathrm{i}}{2}}\right| \qquad (1.3.61)$$

本节讨论了 CH‐DP 方程,并获得了其单行波解的分类。特别地,对具体参数给出了相应的解。

第2章　试探方程法及其应用

2.1　试探方程法概述

试探方程法的主要步骤[8]如下：

第一步　对于所考虑的非线性方程

$$N(u, u_t, u_x, u_{xx}, \cdots) = 0 \tag{2.1.1}$$

作行波变换

$$u(x, t) = u(\xi), \ \xi = kx + \omega t \tag{2.1.2}$$

将式(2.1.2)代入式(2.1.1)得到非线性常微分方程

$$M(u, u', u'', \cdots) = 0 \tag{2.1.3}$$

第二步　取试探方程

$$u'' = \sum_{i=0}^{m} a_i u^i \tag{2.1.4}$$

其中系数 a_i 为常数。由式(2.1.4)可导出

$$(u')^2 = F(u) = \sum_{i=0}^{m} \frac{2a_i}{i+1} u^{i+1} + d \tag{2.1.5}$$

以及 u''' 等其他导数项，这里 d 是积分常数。将这些项代入式(2.1.3)中，得到一个 u 的多项式 $G(u)$，根据平衡原则能确定 m 的值。令 $G(u)$ 的系数都是零，得到一个代数方程组，解这个方程组可确定 $a_0, \cdots, a_m$ 和 d 的值。

第三步　将式(2.1.5)化成初等积分形式

$$\pm \left(\xi - \xi_0 \right) = \int \frac{\mathrm{d}u}{\sqrt{F(u)}}$$

利用 m 阶多项式的完全判别系统对 $F(u)$ 的根分类,由此解出式(2.1.5),进而得到方程(2.1.1)的精确解。

2.2 Bretherton 方程的单行波解

本节利用试探方程法化 $1+1$ 维布雷瑟顿(Bretherton)方程[36]为初等积分形式,进而求出其精确行波解。考虑如下的 $1+1$ 维 Bretherton 方程

$$u_{tt} + u_{xx} + \alpha u_{4x} - \beta u^3 = 0 \qquad (2.2.1)$$

为此作行波变换 $u = u(\xi)$,$\xi = kx - \omega t$,得

$$\omega^2 u'' + k^2 u'' + \alpha k^4 u^{(4)} - \beta u^3 = 0 \qquad (2.2.2)$$

根据前面的试探方程法的步骤,取试探方程为

$$(u')^2 = a_3 u^3 + a_2 u^2 + a_1 u + a_0 \qquad (2.2.3)$$

由方程(2.2.3)知

$$u'' = \frac{3}{2} a_3 u^2 + a_2 u + \frac{a_1}{2} \qquad (2.2.4)$$

$$u''' = 3a_3 uu' + a_2 u' \qquad (2.2.5)$$

$$u^{(4)} = 3a_3 (u')^2 + 3a_3 uu'' + a_2 u''$$

$$= \frac{15}{2} a_3^2 u^3 + \frac{15}{2} a_2 a_3 u^2 + \left(\frac{9}{2} a_1 a_3 + a_2^2 \right) u + 3a_0 a_3 + \frac{1}{2} a_1 a_2$$

$$(2.2.6)$$

将式(2.2.5)、式(2.2.6)代入式(2.2.2),得到一个多项式方程

$$\left(\frac{15}{2} \alpha k^4 a_3^2 - \beta \right) u^3 + \left(\frac{3}{2} \omega^2 a_3 + \frac{3}{2} k^2 a_3 + \frac{15}{2} \alpha k^4 a_2 a_3 \right) u^2 + \left[\omega^2 a_2 + k^2 a_2 + \right.$$

$$\left.\frac{9}{2}\alpha k^4 a_1 a_3 + \alpha k^4 a_2^2\right] u + \frac{1}{2}a_1\omega^2 + \frac{1}{2}a_1 k^2 + 3\alpha k^4 a_0 a_3 + \frac{1}{2}\alpha k^4 a_1 a_2 = 0$$

$$(2.2.7)$$

为了确定参数，令方程(2.2.6)中系数都为零，得非线性代数方程组

$$\begin{cases} \dfrac{15}{2}\alpha k^4 a_3^2 - \beta = 0 \\[2mm] \dfrac{3}{2}\omega^2 a_3 + \dfrac{3}{2}k^2 a_3 + \dfrac{15}{2}\alpha k^4 a_2 a_3 = 0 \\[2mm] \omega^2 a_2 + k^2 a_2 + \dfrac{9}{2}\alpha k^4 a_1 a_3 + \alpha k^4 a_2^2 = 0 \\[2mm] \dfrac{1}{2}a_1\omega^2 + \dfrac{1}{2}a_1 k^2 + 3\alpha k^4 a_0 a_3 + \dfrac{1}{2}\alpha k^4 a_1 a_2 = 0 \end{cases} \qquad (2.2.8)$$

解此方程组得

$$a_3 = \pm\sqrt{\frac{2\beta}{15\alpha k^4}}$$

$$a_2 = -\frac{\omega^2 + k^2}{5\alpha k^4}$$

$$a_1 = -\frac{2\left((\omega^2 + k^2)a_2 + \alpha k^4 a_2^2\right)}{9\alpha k^4 a_3}$$

$$a_0 = -\frac{(\omega^2 + k^2 + \alpha k^4 a_2)a_1}{6\alpha k^4 a_3} \qquad (2.2.9)$$

将条件(2.2.6)代入方程(2.2.3)有

$$u' = \pm\sqrt{a_3 u^3 + a_2 u^2 + a_1 u + a_0}$$

在条件(2.2.6)下，我们解方程(2.2.3)，为此将方程(2.2.3)化成初等积分

$$\int \frac{\mathrm{d}u}{\sqrt{a_3 u^3 + a_2 u^2 + a_1 u + a_0}} = \pm(\xi - \xi_0) \qquad (2.2.10)$$

令 $v = a_3^{\frac{1}{3}} u$，$d_2 = a_2(a_3)^{-\frac{2}{3}}$，$d_1 = a_1(a_3)^{-\frac{1}{3}}$，$d_0 = a_0$，则方程(2.2.10)变为

$$\pm (a_3)^{\frac{1}{3}} (\xi - \xi_0) = \int \frac{\mathrm{d}u}{\sqrt{v^3 + d_2 v^2 + d_1 v + d_0}} \qquad (2.2.11)$$

记 $f(v) = v^3 + d_2 v^2 + d_1 v + d_0$，由三阶多项式完全判别系统可得出 Bretherton 方程的单行波解的分类，这里省略。

2.3　形变 Boussinesq 方程的单行波解

考虑不带耗散项的广义布西内斯克（Boussinesq）方程

$$\begin{cases} u_t + v_x + uu_x = 0 \\ v_t + (uv)_x + u_{xxx} = 0 \end{cases}$$

的精确行波解[36]。由于形变 Boussinesq 方程和其他重要物理方程有紧密联系，如导电聚合物中弱钉扎电荷密度波方程[36]，克莱因-戈尔登（Klein-Gordon）方程，朗道-金兹堡-希格斯（Landau-Ginzburg-Higgs）方程和正弦戈登（sine-Gordon）方程的近似等方程[36]。因此，这些方程都可以利用多项式完全判别系统法来求得精确解。

下面考虑形变 Boussinesq 方程 II

$$\begin{cases} u_t + v_x + (uv)_x - 3\alpha v_{xxx} = 0 \\ v_t + vv_x + u_x - 3\alpha v_{xxt} = 0 \end{cases} \qquad (2.3.1)$$

的精确行波解[37]，为此作行波变换，令

$$u = u(\xi), \ v = v(\xi), \ \xi = k(x - ct) \qquad (2.3.2)$$

将式（2.3.2）分别代入式（2.3.1）中两个方程有

$$\begin{cases} -cu' + v' + (uv)' - 3\alpha k^2 v''' = 0 \\ -cv' + vv' + u' + 3ck^2 v''' = 0 \end{cases} \qquad (2.3.3)$$

对式（2.3.3）两等式两端分别积分得

$$\begin{cases} -cu + v + uv - 3\alpha k^2 v'' + c_1 = 0 \\ -cv + \dfrac{1}{2}v^2 + u' + 3ck^2 v'' + c_2 = 0 \end{cases} \tag{2.3.4}$$

其中 c_1、c_2 为积分常数,则

$$u = cv - \frac{1}{2}v^2 - 3ck^2 v'' - c_2 \tag{2.3.5}$$

将式(2.3.5)代入式(2.3.4)得

$$(3c^2 k^2 - 3\alpha k^2)v'' - 3ck^2 vv'' - \frac{1}{2}v^3 + \frac{3c}{2}v^2 + c_3 v + c_4 = 0 \tag{2.3.6}$$

其中 c_1、c_2 为积分常数。令

$$v'' = a_2 v^2 + a_1 v + a_0 \tag{2.3.7}$$

将式(2.3.8)代入式(2.3.7)可得

$$-3ck^2 a_2 - \frac{1}{2} = 0 \tag{2.3.8}$$

$$(3c^2 k^2 - 3\alpha k^2)a_2 - 3ck^2 a_1 + \frac{3}{2}c = 0 \tag{2.3.9}$$

解式(2.3.9)、式(2.3.10),得 $a_1 = \dfrac{\alpha + 2c^2}{6c^2 k^2}$,$a_2 = -\dfrac{1}{6ck^2}$,$a_0$ 为任意常数。

$$v' = \pm \sqrt{\frac{2}{3}a_2 v^3 + a_1 v^2 + 2a_0 v + a} \tag{2.3.10}$$

$$\pm(\xi + \xi_0) = \int \frac{\mathrm{d}v}{\sqrt{\dfrac{2}{3}a_2 v^3 + a_1 v^2 + 2a_0 v + a}} \tag{2.3.11}$$

令 $w = \left(\dfrac{2}{3}a_2\right)^{\frac{1}{3}} v$,$d_2 = a_1 \left(\dfrac{2}{3}a_2\right)^{-\frac{2}{3}}$,$d_1 = 2a_0 \left(\dfrac{2}{3}a_2\right)^{-\frac{1}{3}}$,$d_0 = a$,则式(2.3.11)

变为

$$\pm\left(\frac{2}{3}a_2\right)^{\frac{1}{3}} (\xi - \xi_0) = \int \frac{1}{\sqrt{w^3 + d_2 w^2 + d_1 w + d_0}} \mathrm{d}w \tag{2.3.12}$$

记 $f(w) = w^3 + d_2 w^2 + d_1 w + d_0$。由三阶多项式完全判别系统法便可得出方程(2.3.11)的精确行波解的分类。

通过以上讨论可知,通过式(2.3.10)的变量替换得到方程(2.3.7)的精确行波解,再由方程(2.3.7)和方程(2.3.5)就能给出形变 Boussinesq 方程Ⅱ的精确行波解。

本章展示了试探方程法的新应用,利用该方法求出了两个非线性数学物理方程的精确解。首先利用试探方程法化 Bretherton 方程、形变 Boussinesq 方程Ⅱ,再利用四阶多项式的完全判别系统,求出了该方程包括椭圆函数双周期解和有理函数的精确行波解,这显示了试探方程法在不易或不能直接化成初等积分的非线性微分方程求解方面的有效性。

第3章　基于泰勒展开式的重正化方法及应用

3.1　基于泰勒展开式的重正化方法概述

重正化(Renormalization)方法产生于 20 世纪初，最早是由 Gell-Mann 和 Low[38] 提出用以求解量子场论中的发散性问题[39-41]。Feynman 等物理学家通过引入群的概念，将该方法发展为重正化群方法。科学家们发现重正化群方法不仅可以处理发散性问题，其对物理研究本身也具有非常重要的意义。然而，刚开始时，重正化群方法只有一个雏形，缺乏理论支撑，方法中很多应用与假设都非常粗糙。所以，许多物理学家对这个方法进行了不同程度的改进。其中最著名的当属 Schwinger[42-43]，Feynman[44-45] 和 Tomona-ga[46-47] 所做的工作，他们将重正化群方法加以改进，成功地应用于量子电动力学中，为其带来了新的生命力。而且，他们理论计算的结果和实验结果吻合到了小数点后十几位。因此，三人共享了 1965 年的诺贝尔物理学奖，从此以后，量子电动力学也成为了最精确的理论物理学之一。20 世纪中叶，Dyson[48-49] 证明了他们三个人的方法是等价的。20 世纪末，Wilson[50-51] 发展了二阶相变理论和重正化群方法，这也被认为是理论物理最重要的突破之一。

20 世纪 90 年代初，Goldenfeld 等人将重正化群方法应用于求解微扰非线性微分方程的大范围渐近解中，例如 Barenblatt 方程，Swift-Hohenberg

方程和 Mathieu 方程[52-54]。与传统的量纲分析不同，Goldenfeld 等人的方法更加简单与直观，并且应用范围也更加广泛。此外，Goldenfeld 等人还给出了重正化群方法清晰的物理解释，在他们的方法中，柯西值类似于量子场论中的裸量，并通过微扰来进行重正化。他们发现重正化群方法克服了量纲分析法的很多缺点，特别是在大范围分析的时候，该方法无需进行渐近匹配，也无需生成渐近序列，大大提升了计算效率。因此，他们预测，重正化群方法在数值计算领域具有重大的意义。之后，大量的科学家证明其是正确的，并且也对该方法做出了很多改进。日本数学家 Teiji Kunikiro[55-57] 根据传统的包络理论，建立了重正化方程和包络方程之间的联系，并给了重正化群方法一个清晰的几何解释。国内最早从事重正化群方法在微分方程中应用的是中国科学技术大学的程耕教授和他的博士生涂涛，他们提出了 proto-RG 方法，并顺利应用于很多微分方程[58-60]。然而，重正化群方法的理论基础仍然很模糊。事实上，科学家们甚至都解释不清楚重正化群方法为什么能消除奇异项，得到大范围渐近解。2017 年，Liu 基于传统的泰勒级数理论，给出了重正化群方法的理论基础，并且证明了重正化群方法的理论基础就是泰勒级数，重正化群方法中所有的关键性假设都可以用泰勒级数展开自然给出[9]。基于泰勒展开的重正化群方法奠定了 Goldenfeld 等的重正化群方法及其几何解释的严格数学基础。特别是为了克服传统的重正化群方法的弱点，Liu 又进一步提出了同伦重正化方法[9]，用以处理非微扰问题等。用同伦重正化方法研究了受迫振动问题，得到了经典的振幅-频率反应曲线方程，研究了著名的布拉修斯流体方程，得到了大范围有效渐近解。近两年，Wang 等人把同伦重正化方法应用到了几个著名的流体力学问题，得到了很好的结果[23,26]。结果表明，受迫振动问题和没有小参数的问题也可以用重正化方法处理。例如 Guan[61] 和 Kai[63] 用同伦重正化方法研究了流体力学中的几个问题，得到的解析结果与数值结果符合得非常好。

此外，众所周知对差分方程进行渐近分析是非常困难的。像 Birkhoff 等人给出的差分方程渐近理论因为复杂[64-65]程度太高，所以很少为力学等领域的研究人员所应用。香港城市大学的王世全教授和他的学生们以及合作者简化和完善了 Birkhoff 等人的工作[66-67]，但是此方法对于应用领域的学者来说依然很难驾驭。而基于泰勒展开的重正化理论逻辑清晰、实用性强，故在差分系统[10,68]也得到了非常好的推广。

本章主要应用重正化群方法研究了生物学中阻尼 Fisher 问题、工程力学中的杆振动问题，并构造出了它们的一致有效的近似解析解。

接下来先介绍 Liu 提出的基于泰勒展开的重正化（The Renormalization Method Based on The Taylor Expansion，TR）方法[9]。考虑一个一般形式的微扰微分方程

$$L(y) = \varepsilon f(x, y, y', \cdots) \tag{3.1.1}$$

L 是一个线性或者非线性的微分算子，$f(x, y, y', \cdots)$ 是一个关于 $x, y, y', \cdots$ 的函数，根据传统的微扰法，将 y 进行以下微扰展开

$$y = y_0 + \varepsilon y_1 + \varepsilon^2 y_2 + \cdots \tag{3.1.2}$$

其中 $y_0, y_1, \cdots$ 是待求解的函数。代回方程（3.1.1）中，可以得到

$$L(y_0) = 0, L(y_1) = f(x, y_0, y'_0, \cdots), \cdots, L(y_k) = f(x, y_{k-1}, y'_{k-1}, \cdots) \cdots \tag{3.1.3}$$

解之，并将 $y_k (k = 0, 1, 2, \cdots)$ 在任意点处展开成泰勒级数

$$y_k = \sum_{m=0}^{+\infty} y_{km} (x - x_0)^m \tag{3.1.4}$$

因此，解的最终表达式可以写为

$$y(x) = \sum_{n=0}^{+\infty} Y_n(x_0, \epsilon) (x - x_0)^n \tag{3.1.5}$$

其中

$$Y_n(x_0,\epsilon) = \sum_{k=0}^{+\infty} y_{kn}(x_0)\epsilon^k, n = 0,1,\cdots \qquad (3.1.6)$$

根据泰勒级数的初等理论,可以得到下列关系:

①$y(x) = Y_0(x,\epsilon)$;

②$Y_n(x,\epsilon) = \dfrac{1}{n!}\dfrac{d^n}{dx^n}Y_0(x,\epsilon), n = 1,2,\cdots$;

③$\dfrac{\partial^n}{\partial x_0^n}y(x,x_0) = 0, n = 1,2,\cdots$

支撑理论最重要的基础公式就是式(3.1.5),从式(3.1.5)可以解释正规重正化群方法中所有内容,甚至可以得出更多结论。事实上,根据性质①,当把 x_0 看作一个参数时,就知道 Y_0 是原方程的精确解,其他项并不需要考虑。然而,通常情况下第一项中含有某些待定的积分常数,而所谓的重正化就是要解决这个问题。正常的方法就是如果 Y_0 中有 m 个待定参数,那么就在②中取 m 个相关方程,从而解出这些参数得到解 Y_0。事实上这里③自然给出了正规重正化群方程

$$\frac{\partial}{\partial x_0}y(x,x_0) = 0 \qquad (3.1.7)$$

并且,取 $x = x_0$ 就导出了重正化群方法的几何解释。

定义 3.1.1　称

$$Y_n(x,\epsilon) = \frac{1}{n!}\frac{d^n}{dx^n}Y_0(x,\epsilon), n = 1,2,\cdots \qquad (3.1.8)$$

为重正化方程。这里必须强调的是要解 m 个未知的积分常数,必须利用 m 个重正化方程 $Y_{n-1}' = nY_n, n = 1,\cdots,m$。但我们并不想这么做,因为解这些重正化方程可能比直接解原始的方程更复杂。实际上,因为微扰解本身是近似的,所以重正化方程只需是一个近似方程,因此只需处理第一个重正化方程 $Y_0' = Y_1$,来找到与精确解尽可能相近的近似解。同时,为了获得简单的非平

凡封闭方程，必须舍弃某些项。TR 方法的优势是显而易见的。首先，不需要去考虑长期项。其次，实际上是利用泰勒级数系数间的自然关系来确定未知参数。

接下来，将 Goldenfeld、Kunihiro 与 Liu 三个人的方法进行比较[9]，以瑞利方程为例

$$y'' + y = \epsilon\left(y' - \frac{1}{3}y'^3\right) \tag{3.1.9}$$

其中ϵ是一个小参数。首先，根据传统微扰法，将 y 展成$y = y_0 + \varepsilon y_1 + \cdots$，可以得到

$$y(t, t_0) = R_0 \sin(t + \theta_0) +$$

$$\epsilon\left(\left(\frac{R_0}{2} - \frac{R_0^3}{8}\right)(t - t_0)\sin(t + \theta_0) + \frac{R_0^3}{96}\cos 3(t + \theta_0)\right) + O(\epsilon^2)$$

$$\tag{3.1.10}$$

可以很清楚地看到，由于包含$(t - t_0)$这一项，上述解在无穷远处是发散的，接下来，分别利用三个人的方法，来处理这个解。

首先，用 Goldenfeld 的方法[54]：

第一步，引入任意时间参量 τ，将$(t - t_0)$分成$(t - \tau + \tau t_0)$。然后，引入乘法重正化常数$Z_1 = 1 + \sum_{n=1}^{+\infty} a_n \varepsilon^n$ 和加法重正化常数$Z_2 = \sum_{n=1}^{+\infty} b_n \varepsilon^n$，选取特殊的$a_n$、$b_n$ 以消除含有 τt_0 的项，经过重正化，可以得到

$$y(t) = \left(R(t) + \varepsilon \frac{R}{2}\left(1 - \frac{R^2}{4}(t - \tau)\right)\right)\sin(t + \theta) -$$

$$\varepsilon \frac{1}{96}R^3\cos(t + \theta) + \frac{R^3}{96}\cos 3(t + \theta_0) \tag{3.1.11}$$

此时 R 与 θ 为 τ 的函数，但是，由于 τ 并不出现在原先的解中，解 y 应该与 τ 无关，即$\frac{\mathrm{d}y}{\mathrm{d}t} = 0$，可以得到下列表达式：

$$\frac{\mathrm{d}R}{\mathrm{d}\tau} = \varepsilon\,\frac{R}{2}\Big(1 - \frac{R^2}{4}\Big), \frac{\mathrm{d}\theta}{\mathrm{d}\tau} = 0 \qquad (3.1.12)$$

$$R(t) = \frac{R(0)}{\sqrt{\mathrm{e}^{-\varepsilon t} + \dfrac{1 - \mathrm{e}^{-\varepsilon t}}{4}}}, \theta = \theta_0 \qquad (3.1.13)$$

可得到原方程的解为

$$y(t) = R\sin(t + \theta_0) + \varepsilon\,\frac{R(t)^3}{96}\cos 3(t + \theta_0) \qquad (3.1.14)$$

如果用基于包络理论的重正化群方法，求解 $y(t,t_0)$ 这族曲线的包络。首先，假设 R_0 与 θ_0 均依赖于 t_0，即

$$R_0 = R_0(t_0), \theta_0 = \theta_0(t_0) \qquad (3.1.15)$$

根据传统求解包络的步骤，得到方程

$$\frac{\mathrm{d}y}{\mathrm{d}t_0} = 0 \qquad (3.1.16)$$

并假设切点与 t_0 重合，即 $t = t_0$，此时，可以得到方程

$$R_0'(t) = \varepsilon\Big(\frac{R_0(t)}{2} - \frac{R_0^3(t)}{8}\Big), \theta' = 0 \qquad (3.1.17)$$

解之，并在 $t = t_0$ 的假设下，可以得到与 Goldenfeld 方法同样的解。可以看出，Kunihiro 的方法比 Goldenfeld 的方法简单，因为无需引入重正化常数，但是，同样可以看到该方法依赖于很多刻意的假设，并且这些假设很难被合理解释，这也是 Kunihiro 方法最大的缺点。

最后，利用 TR 方法来处理瑞利方程。在得到式（3.1.5）后，将其在 t_0 点展开成泰勒级数

$$y(t,t_0) = R_0\sin(t_0 + \theta_0) + \varepsilon\,\frac{R_0^3}{96}\cos 3(t_0 + \theta_0) + \Big(R_0\cos(t_0 + \theta_0) + $$

$$\varepsilon\Big(\frac{R_0}{2} - \frac{R_0^3}{8}\Big)\sin(t + \theta_0) - \varepsilon\,\frac{R_0^3}{32}\sin 3(t + \theta_0)\Big)(t - t_0) + O((t - t_0)^2)$$

$$(3.1.18)$$

根据前面所述的性质②，可以得到重正化方程为

$$\frac{\partial}{\partial t_0}\left(R_0 \sin(t_0 + \theta_0) + \epsilon \frac{R_0^3}{96}\cos 3(t_0 + \theta_0)\right) = R_0 \cos(t_0 + \theta_0) +$$

$$\epsilon\left(\frac{R_0}{2} - \frac{R_0^3}{8}\right)\sin(t_0 + \theta_0) - \epsilon \frac{R_0^3}{32}\sin 3(t_0 + \theta_0) \qquad (3.1.19)$$

必须注意到，此时有两个待求函数 $R(t_0)$ 和 $\theta(t_0)$，通过一个方程不可能得到这两个函数的解。并且，由于此计算为近似计算，为了使计算更加方便，必须舍弃一些项，得到形式简单的重正化方程以便于求解，因此，将重正化方程写为

$$R'_0 \sin(t_0 + \theta_0) + R'_0 \cos(t_0 + \theta_0)\theta' + \epsilon \frac{R_0^2}{32}R'_0\cos 3(t_0 + \theta_0) - \epsilon \frac{R_0^3}{32}\sin 3(t_0 + \theta_0)\theta'$$

$$= \epsilon\left(\frac{R_0}{2} - \frac{R_0^3}{8}\right)\sin(t_0 + \theta_0) - \epsilon \frac{R_0^3}{32}\sin 3(t_0 + \theta_0) \qquad (3.1.20)$$

舍弃其中的 $\epsilon \frac{R_0^2}{32}R'_0\cos 3(t_0 + \theta_0)$ 和 $\epsilon \frac{R_0^3}{32}\sin 3(t + \theta_0)$ 两项，可以得到两个方程

$$\theta'_0 = 0 \qquad (3.1.21)$$

$$R'_0 = \epsilon\left(\frac{R_0}{2} - \frac{R_0^3}{8}\right) \qquad (3.1.22)$$

此时，可以得到与 Goldenfeld 和 Kunihiro 相同的结果，但是 TR 方法更加简单，并且也不需要很多假设就能直接得到重正化方程，求得原方程的大范围渐近解。

3.2　阻尼 Fisher 问题的一致有效渐近解析解

3.2.1　问题介绍

Fisher 方程[16]

$$u_t = u_{xx} + u(1 - u) \qquad (3.2.1)$$

描述了带有势能的系统中物质的扩散过程,最初应用在人优秀基因的空间传播随机模型中。近年来,科学家发现 Fisher 方程在各种空间传播模型中都有重要意义。例如,在种群人口增长模型[69-70]、火焰传播[71-72]、神经生理学[73]、自催化反应[74-75]、分支布朗运动过程[76]、基因和文化的传播波动[77]、早期欧洲农场的扩张[78-79],以及核反应理论[80]中均可应用 Fisher 方程。考虑阻尼干扰,方程(3.2.1)被修改为如下形式[81]:

$$\varepsilon u_{tt} + u_t = u_{xx} + u(1-u) \tag{3.2.2}$$

其中,ε 是一个小的正参数,这就是阻尼 Fisher 方程。接下来,应用 TR 方法来获得方程(3.2.2)的大范围渐近解[17]。

3.2.2　阻尼 Fisher 方程的大范围渐近解

作变量替换 $\sqrt{\varepsilon}X = x$ 和 $\varepsilon T = t$,并令 $U(X,T) = u(x,t)$,式(3.2.2)化为

$$\frac{\partial^2 U}{\partial T^2} + \frac{\partial U}{\partial T} = \frac{\partial^2 U}{\partial X^2} + \varepsilon U(1-U) \tag{3.2.3}$$

将 U 进行微扰展开

$$U = U_0 + \varepsilon U_1 + \cdots \tag{3.2.4}$$

代入式(3.2.3)可得

$$U_{0TT} + U_{0T} = U_{0XX} \tag{3.2.5}$$

和

$$U_{1TT} + U_{1T} = U_{1XX} + U_0(1-U_0) \tag{3.2.6}$$

则零阶项的解为

$$U_0(X,T) = A e^{\frac{-1+\sqrt{1-4\lambda}}{2}T + i\sqrt{\lambda}X} + \text{c.c.} \tag{3.2.7}$$

其中,c.c. 记为复共轭,λ 是方程(3.2.5)的特征值,A 是复常数。如果 $\lambda \neq 0$,将式(3.2.7)代入式(3.2.6),可得

$$U_{1TT} + U_{1T} - U_{1XX} = Ae^{\frac{-1+\sqrt{1-4\lambda}}{2}T+i\sqrt{\lambda}X} - A^2 e^{(-1+\sqrt{1-4\lambda})T+2i\sqrt{\lambda}X} -$$

$$2\mid A\mid^2 e^{(-1+\sqrt{1-4\lambda})T} + c.c. \qquad (3.2.8)$$

解之得

$$U_1(X,T) = \frac{Ai(X-X_0)}{2\sqrt{\lambda}}e^{\frac{sT}{2}+i\sqrt{\lambda}X} + \frac{A^2}{s}e^{sT+2i\sqrt{\lambda}X} + \frac{2\mid A\mid^2}{4\lambda+s}e^{sT} + c.c. \qquad (3.2.9)$$

其中, $s = -1 + \sqrt{1-4\lambda}$。则

$$U(X,T) = Ae^{\frac{sT}{2}+i\sqrt{\lambda}X} + \varepsilon\left(\frac{Ai(X-X_0)}{\sqrt{2\lambda}}e^{\frac{sT}{2}+i\sqrt{\lambda}X} + \frac{A^2}{s}e^{sT+2i\sqrt{\lambda}X} + \right.$$

$$\left.\frac{2\mid A\mid^2}{4\lambda+s}e^{sT}\right) + c.c. + O(\varepsilon^2) \qquad (3.2.10)$$

在任意点 X_0 进行泰勒级数展开

$$U(X,T) = Ae^{\frac{sT}{2}+i\sqrt{\lambda}X_0} + \left(\varepsilon\frac{Ai}{\sqrt{2\lambda}}e^{\frac{sT}{2}+i\sqrt{\lambda}X_0} + Ai\sqrt{\lambda}e^{\frac{sT}{2}+i\sqrt{\lambda}X_0}\right)(X-X_0) +$$

$$c.c. + O((X-X_0)^2) \qquad (3.2.11)$$

其中, A 是 X_0 的函数, 即 $A = A(X_0)$。重正化方程为

$$\frac{\mathrm{d}A}{\mathrm{d}X} = \varepsilon\frac{Ai}{2\sqrt{\lambda}} \qquad (3.2.12)$$

解之得

$$A = \overline{A}e^{\frac{i\varepsilon X}{2\sqrt{\lambda}}} \qquad (3.2.13)$$

其中, $\overline{A}$ 是一个复常数。因此, 得到 U 的大范围渐近解为

$$U(X,T) = \overline{A}e^{\frac{sT}{2}+i(\sqrt{\lambda}+\frac{\varepsilon}{2\sqrt{\lambda}})X} + \frac{\overline{A}^2}{s}e^{sT+i(2\sqrt{\lambda}+\frac{\varepsilon}{\sqrt{\lambda}})X} + \frac{2\mid\overline{A}\mid^2}{4\lambda+s}e^{sT+\frac{i\varepsilon}{\sqrt{\lambda}}X} + c.c. + O(\varepsilon^2)$$

$$(3.2.14)$$

进而得到 $u(x,t)$ 的解为

$$u(x,t) = \overline{A}e^{\frac{st}{2\varepsilon}+i(\sqrt{\frac{\lambda}{\varepsilon}}+\sqrt{\frac{\varepsilon}{4\lambda}})x} + \frac{\overline{A}^2}{s}e^{\frac{st}{\varepsilon}+i(2\sqrt{\frac{\lambda}{\varepsilon}}+\sqrt{\frac{\varepsilon}{\lambda}})x} + \frac{2\,|\,\overline{A}\,|^2}{4\lambda+s}e^{\frac{st}{\varepsilon}+i\sqrt{\frac{\varepsilon}{\lambda}}x} + \text{c.c.} + O(\varepsilon^2)$$

$$(3.2.15)$$

3.2.3 解的形态分析

本小节，根据几组给定参数画出 $u(x,t)$ 的图像，如图 3.2.1、图 3.2.2 所示。

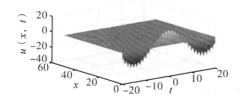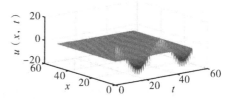

图 3.2.1 $u(x,t)$图像 1

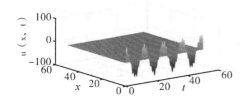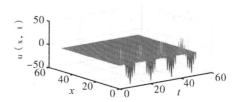

图 3.2.2 $u(x,t)$图像 2

从上述图像可以看出，解随着时间的推移和空间的延伸逐渐趋于稳态，并且此解在大范围内是收敛的。这表明本节所采用的 TR 方法可以有效消除利用传统直接微扰法得到的解中的奇异项，从而得到大范围渐近解。

3.3　杆振动问题的一致有效近似解析解

3.3.1　问题介绍

杆振动问题具有非常悠久的历史,作为经典的高阶线性微分方程,其在数学物理方程中占有非常重要的地位[18]。之后科学家们发现很多振动都可以用杆振动模型去描述,如声波、无线电波、光波。然而,这个方程最原始的形式为

$$pw_{tt} + \beta w_{xxxx} = 0 \qquad\qquad (3.3.1)$$

忽略了外力与外界影响的作用,应用性非常有限。为了将外界扰动因素(如空气阻力等)加进去,将上述方程改进成下面的形式:

$$pw_{tt} + \beta w_{xxxx} + 2\beta_\epsilon (6w_{xx}w_{xxx}^2 + 3w_{xx}^2 w_{xxxx}) = 0 \qquad (3.3.2)$$

这里,p 和 β 皆为常数,ϵ 是一个小参数,w 是 t 和 x 的函数。很多振动如声波、无线电波、光波都可以用这个模型去描述。本节加入外界扰动因素,如空气阻力等作用下的杆振动问题。当利用传统的直接微扰法来处理非线性杆振动问题,通过分离变量并进行级数匹配时,一阶项的解中会包含奇异项,这不符合物理规律。所以在这一节,将用 TR 方法来处理这个解,消除奇异项[17]。

3.3.2　杆振动问题的大范围渐近解

首先,对 w 进行微扰展开

$$w = w_0 + \epsilon w_1 + \epsilon^2 w_2 + \cdots \qquad\qquad (3.3.3)$$

将展开式代入原方程

$$pw_{0tt} + \beta w_{0xxxx} = 0 \qquad (3.3.4)$$

$$pw_{1tt} + \beta w_{1xxxx} + 2\beta(6w_{0xx}w_{0xxx}^2 + 3w_{0xx}^2 w_{0xxxx}) = 0 \qquad (3.3.5)$$

接下来对 w_0 做如下变量分离

$$w_0 = X(x)\,T(t) \qquad (3.3.6)$$

则有

$$w_{0tt} = XT''$$

$$w_{0xxxx} = X^{(4)}\,T$$

从而可得

$$p\,\frac{T''}{T} + \beta\,\frac{X^{(4)}}{X} = 0$$

令

$$\lambda = -\frac{T''}{T} = \frac{\beta}{p} \cdot \frac{X^{(4)}}{X}$$

因此有

$$\begin{cases} T''(x) + \lambda T(x) = 0 \\ X^{(4)}(x) - \dfrac{\lambda p}{\beta}X(x) = 0 \end{cases}$$

解之易得

$$\begin{cases} X(x) = A\mathrm{e}^{\mathrm{i}cx} + \mathrm{c.\,c.} \\ T(t) = B\mathrm{e}^{\mathrm{i}\sqrt{\lambda}t} + \mathrm{c.\,c.} \end{cases} \qquad (3.3.7)$$

这里 A 和 B 是积分常数，$c = \sqrt[4]{\dfrac{\lambda p}{\beta}}$，将 X 和 T 代入 w_0 进而可得

$$pw_{1tt} + \beta w_{1xxxx} + 6\beta\overline{A}^3 c^8 \cdot (3\mathrm{e}^{\mathrm{i}(3cx + 3\sqrt{\lambda}t)} + 3\mathrm{e}^{\mathrm{i}(3cx - 3\sqrt{\lambda}t)} + 9\mathrm{e}^{\mathrm{i}(3cx + \sqrt{\lambda}t)} +$$

$$9\mathrm{e}^{\mathrm{i}(3cx - \sqrt{\lambda}t)} + \mathrm{e}^{\mathrm{i}(cx + 3\sqrt{\lambda}t)} + \mathrm{e}^{\mathrm{i}(cx - 3\sqrt{\lambda}t)} + 3\mathrm{e}^{\mathrm{i}(cx + \sqrt{\lambda}t)} + 3\mathrm{e}^{\mathrm{i}(cx - \sqrt{\lambda}t)} + \mathrm{c.\,c.}) = 0$$

$$(3.3.8)$$

其中，$\overline{A} = AB$。为求得 w_1，接下来考虑如下 8 个微分方程。其中第一个为

$$pw_{11tt} + \beta w_{11xxxx} = -18\beta\overline{A}^3 c^8 e^{i(3cx+3\sqrt{\lambda}t)} \tag{3.3.9}$$

求解易得

$$w_{11} = -\frac{1}{4}\overline{A}^3 c^4 e^{i(3cx+3\sqrt{\lambda}t)}$$

第二个微分方程如下

$$pw_{12tt} + \beta w_{12xxxx} = -18\beta\overline{A}^3 c^8 e^{i(3cx-3\sqrt{\lambda}t)} \tag{3.3.10}$$

求解易得

$$w_{12} = -\frac{1}{4}\overline{A}^3 c^4 e^{i(3cx-3\sqrt{\lambda}t)}$$

第三个微分方程为

$$pw_{13tt} + \beta w_{13xxxx} = -54\beta\overline{A}^3 c^8 e^{i(3cx+\sqrt{\lambda}t)} \tag{3.3.11}$$

求解易得

$$w_{13} = -\frac{27}{40}\overline{A}^3 c^4 e^{i(3cx+\sqrt{\lambda}t)}$$

第四个微分方程如下

$$pw_{14tt} + \beta w_{14xxxx} = -54\beta\overline{A}^3 c^8 e^{i(3cx-\sqrt{\lambda}t)} \tag{3.3.12}$$

求解易得

$$w_{14} = -\frac{27}{40}\overline{A}^3 c^4 e^{i(3cx-\sqrt{\lambda}t)}$$

第五个微分方程为

$$pw_{15tt} + \beta w_{15xxxx} = -6\beta\overline{A}^3 c^8 e^{i(cx+3\sqrt{\lambda}t)} \tag{3.3.13}$$

求解易得

$$w_{15} = \frac{3}{4}\overline{A}^3 c^4 e^{i(cx+3\sqrt{\lambda}t)}$$

第六个微分方程如下

$$pw_{16tt} + \beta w_{16xxxx} = -6\beta \overline{A}^3 c^8 e^{i(cx-3\sqrt{\lambda}t)} \qquad (3.3.14)$$

求解易得

$$w_{16} = \frac{3}{4} \overline{A}^3 c^4 e^{i(cx-3\sqrt{\lambda}t)}$$

第七个微分方程为

$$pw_{17tt} + \beta w_{17xxxx} = -18\beta \overline{A}^3 c^8 e^{i(cx+\sqrt{\lambda}t)} \qquad (3.3.15)$$

求解易得

$$w_{17} = -\frac{9}{2}i\overline{A}^3 c^5 k_1(x-x_0)e^{i(cx+\sqrt{\lambda}t)} + 9\overline{A}^3 c^4 \sqrt{\lambda}is_1(t-t_0)e^{i(cx+\sqrt{\lambda}t)}$$

第八个微分方程如下

$$pw_{18tt} + \beta w_{18xxxx} = -18\beta \overline{A}^3 c^8 e^{i(cx-\sqrt{\lambda}t)} \qquad (3.3.16)$$

求解易得

$$w_{18} = -\frac{9}{2}i\overline{A}^3 c^5 k_2(x-x_0)e^{i(cx-\sqrt{\lambda}t)} + 9\overline{A}^3 c^4 \sqrt{\lambda}is_2(t-t_0)e^{i(cx-\sqrt{\lambda}t)}$$

由这 8 个微分方程可得

$$w_1 = w_{11} + w_{12} + w_{13} + w_{14} + w_{15} + w_{16} + w_{17} + w_{18}$$

$$= -\frac{1}{4}\overline{A}^3 c^4 e^{i(3cx+3\sqrt{\lambda}t)} - \frac{1}{4}\overline{A}^3 c^4 e^{i(3cx-3\sqrt{\lambda}t)} - \frac{27}{40}\overline{A}^3 c^4 e^{i(3cx+\sqrt{\lambda}t)} -$$

$$\frac{27}{40}\overline{A}^3 c^4 e^{i(3cx-\sqrt{\lambda}t)} + \frac{3}{4}\overline{A}^3 c^4 e^{i(cx+3\sqrt{\lambda}t)} + \frac{3}{4}\overline{A}^3 c^4 e^{i(cx-3\sqrt{\lambda}t)} -$$

$$\frac{9}{2}i\overline{A}^3 c^5 k_1(x-x_0)e^{i(cx+\sqrt{\lambda}t)} + 9\overline{A}^3 c^4 \sqrt{\lambda}is_1(t-t_0)e^{i(cx+\sqrt{\lambda}t)} -$$

$$\frac{9}{2}i\overline{A}^3 c^5 k_2(x-x_0)e^{i(cx-\sqrt{\lambda}t)} + 9\overline{A}^3 c^4 \sqrt{\lambda}is_2(t-t_0)e^{i(cx-\sqrt{\lambda}t)}$$

$$(3.3.17)$$

根据第 1 章中 TR 方法的讨论，省略无关项，进而得到 w 微扰展开式如下：

$$w = \overline{A}e^{i(cx+\sqrt{\lambda}t)} + \overline{A}e^{i(cx-\sqrt{\lambda}t)} + \epsilon\left(-\frac{9}{2}i\overline{A}^3c^5k_1e^{i(cx+\sqrt{\lambda}t)}(x-x_0) + \right.$$

$$9is_1\overline{A}^3c^4\sqrt{\lambda}e^{i(cx+\sqrt{\lambda}t)}(t-t_0) - \frac{9}{2}i\overline{A}^3c^5k_2e^{i(cx-\sqrt{\lambda}t)}(x-x_0) +$$

$$\left.9is_2\overline{A}^3c^4\sqrt{\lambda}e^{i(cx-\sqrt{\lambda}t)}(t-t_0)\right) + \text{c. c.} + O(\epsilon^2)$$

$$(3.3.18)$$

采用二元函数泰勒展开式，对上式在 (x_0,t_0) 点处进行泰勒展开

$$w = \overline{A}e^{i(cx_0+\sqrt{\lambda}t_0)} + \overline{A}e^{i(cx_0-\sqrt{\lambda}t_0)} + \left[(\overline{A}ic - \frac{9}{2}\epsilon i\overline{A}^3c^5k_1)e^{i(cx_0+\sqrt{\lambda}t_0)} + \right.$$

$$\left.(\overline{A}ic - \frac{9}{2}\epsilon i\overline{A}^3c^5k_2)e^{i(cx_0-\sqrt{\lambda}t_0)}\right](x-x_0) + \left[(\overline{A}i\sqrt{\lambda} + 9\epsilon is_1\overline{A}^3c^4\sqrt{\lambda})e^{i(cx_0+\sqrt{\lambda}t_0)} \cdot \right.$$

$$\left.(-\overline{A}i\sqrt{\lambda} + 9\epsilon is_2\overline{A}^3c^4\sqrt{\lambda})e^{i(cx_0-\sqrt{\lambda}t_0)}\right](t-t_0) + \text{c. c.} + O(\rho^2)$$

$$(3.3.19)$$

这里，$\rho = \sqrt{(x-x_0)^2 + (t-t_0)^2}$，根据 TR 方法，令 $\overline{A}$ 为 (x,t) 的二元函数，即 $\overline{A} = \overline{A}(x,t)$，则给出重正化方程组

$$\frac{\partial\overline{A}}{\partial x_0}e^{i(cx_0+\sqrt{\lambda}t_0)} + \overline{A}ice^{i(cx_0+\sqrt{\lambda}t_0)} + \frac{\partial\overline{A}}{\partial x_0}e^{i(cx_0-\sqrt{\lambda}t_0)} + \overline{A}ice^{i(cx_0-\sqrt{\lambda}t_0)} =$$

$$(\overline{A}ic - \frac{9}{2}\epsilon i\overline{A}^3c^5k_1)e^{i(cx_0+\sqrt{\lambda}t_0)} + (\overline{A}ic - \frac{9}{2}\epsilon i\overline{A}^3c^5k_1)e^{i(cx_0-\sqrt{\lambda}t_0)}$$

$$(3.3.20)$$

$$\frac{\partial\overline{A}}{\partial t_0}e^{i(cx_0+\sqrt{\lambda}t_0)} + \overline{A}i\sqrt{\lambda}e^{i(cx_0+\sqrt{\lambda}t_0)} + \frac{\partial\overline{A}}{\partial t_0}e^{i(cx_0-\sqrt{\lambda}t_0)} - \overline{A}i\sqrt{\lambda}e^{i(cx_0-\sqrt{\lambda}t_0)} =$$

$$(\overline{A}i\sqrt{\lambda} + 9\epsilon i\overline{A}^3c^4\sqrt{\lambda}s_1)e^{i(cx_0+\sqrt{\lambda}t_0)} + (-\overline{A}i\sqrt{\lambda} + 9\epsilon i\overline{A}^3c^4\sqrt{\lambda}s_2)e^{i(cx_0-\sqrt{\lambda}t_0)}$$

$$(3.3.21)$$

由重正化方程可得

$$\begin{cases} \dfrac{\partial \overline{A}}{\partial x_0} + \overline{A}\mathrm{i}c = \overline{A}\mathrm{i}c - \dfrac{9}{2}_\epsilon \mathrm{i}\overline{A}^3 c^5 k_1 \\[3mm] \dfrac{\partial \overline{A}}{\partial x_0} + \overline{A}\mathrm{i}c = \overline{A}\mathrm{i}c - \dfrac{9}{2}_\epsilon \mathrm{i}\overline{A}^3 c^5 k_2 \end{cases} \tag{3.3.22}$$

由重正化方程可得

$$\begin{cases} \dfrac{\partial \overline{A}}{\partial t_0} + \overline{A}\mathrm{i}\sqrt{\lambda} = \overline{A}\mathrm{i}\sqrt{\lambda} + 9_\epsilon \mathrm{i}\overline{A}^3 c^4 \sqrt{\lambda} s_1 \\[3mm] \dfrac{\partial \overline{A}}{\partial t_0} - \overline{A}\mathrm{i}\sqrt{\lambda} = -\overline{A}\mathrm{i}\sqrt{\lambda} + 9_\epsilon \mathrm{i}\overline{A}^3 c^4 \sqrt{\lambda} s_2 \end{cases} \tag{3.3.23}$$

方便起见，不妨令 $k_1 = k_2 = k$ 以及 $s_1 = s_2 = s$，解上面两方程组可得

$$\begin{cases} \dfrac{\partial \overline{A}}{\partial x_0} = h_1 \overline{A}^3 \\[3mm] \dfrac{\partial \overline{A}}{\partial t_0} = h_2 \overline{A}^3 \end{cases} \tag{3.3.24}$$

其中，$h_1 = -\dfrac{9}{2}_\epsilon \mathrm{i}\overline{A}^3 c^5 k$，$h_2 = 9_\epsilon \mathrm{i}\overline{A}^3 c^4 \sqrt{\lambda} s$。

由于

$$h_2 \frac{\partial \overline{A}}{\partial x_0} = h_1 \frac{\partial \overline{A}}{\partial t_0}$$

从而有

$$X = \frac{h_2}{h_1} t$$

进而可设

$$\overline{A} = f(\xi)$$

其中

$$\xi = h_1 X + h_2 t$$

由此可得

$$\begin{cases} \dfrac{\partial \overline{A}}{\partial x} = f' \cdot h_1 \\[2mm] \dfrac{\partial \overline{A}}{\partial t} = f' \cdot h_2 \end{cases}$$

再由式(3.3.24)得

$$f' = f^3$$

所以

$$f = \frac{1}{-2\xi - 2C_0}$$

这里 C_0 是积分常数，即

$$\overline{A} = \sqrt{\frac{1}{-9_\epsilon \, \mathrm{ic}^5 kx - 18_\epsilon \, \mathrm{ic}^4 \sqrt{\lambda} st + C}} \tag{3.3.25}$$

这里 C 是任意常数。因此 $w(x,t)$ 的渐近解为

$$w(x,t) = w_0(x,t,\epsilon) \tag{3.3.26}$$

即

$$w(x,t) = \sqrt{\frac{1}{-9_\epsilon \, \mathrm{ic}^5 kx - 18_\epsilon \, \mathrm{ic}^4 \sqrt{\lambda} st + C}} \, \mathrm{e}^{\mathrm{i}(cx_0 + \sqrt{\lambda} t_0)} +$$

$$\sqrt{\frac{1}{-9_\epsilon \, \mathrm{ic}^5 kx - 18_\epsilon \, \mathrm{ic}^4 \sqrt{\lambda} st + C}} \, \mathrm{e}^{\mathrm{i}(cx_0 - \sqrt{\lambda} t_0)} + \mathrm{c.\,c.} + O(\epsilon^2)$$

$$\tag{3.3.27}$$

第 4 章　同伦重正化方法及其在非线性分析中的应用

4.1　同伦重正化方法概述

在实际计算与应用中，重正化群方法也存在某些弊端。例如，对于有些方程，重正化群方法根本就不起作用，或者并不能得到原方程的大范围渐近解，考虑方程[9]

$$y'(t) = \epsilon (1 - y^2(t)) \tag{4.1.1}$$

根据重正化群方法的一般步骤，将 y 展开成

$$y = y_0 + \epsilon y_1 + \epsilon^2 y_2 + \cdots \tag{4.1.2}$$

代入原始方程，得到方程

$$y'_0 = 0 \tag{4.1.3}$$

和

$$y'_1 = 1 - y_0^2 \tag{4.1.4}$$

求解上面两个方程，得到

$$y_0 = A \tag{4.1.5}$$

$$y_1 = (1 - A^2)(t - t_0) \tag{4.1.6}$$

因此，原方程的解为

$$y = A + \epsilon (1 - A^2)(t - t_0) + O(\epsilon^2) \tag{4.1.7}$$

这个解中包含奇异项 $t-t_0$。设 A 是 t_0 的函数，并根据重正化群方法，可以得到重正化群方程为

$$\frac{\partial y}{\partial t_0} = 0 \tag{4.1.8}$$

解之，得

$$A'(t_0) = \epsilon(1 - A^2(t_0)) \tag{4.1.9}$$

这个方程和原方程 $y'(t) = \epsilon(1 - y^2(t))$ 是一样的。因此，这是一个循环过程，即传统的重正化群方法根本得不到原方程的大范围渐近解。为克服传统重正化群方法的某些弊端，结合同伦变形和 TR 方法，Liu 又提出了一个更有效的方法，即基于泰勒展开的同伦重正化方法（Homotopy TR，HTR）[9]。

考虑微分方程

$$N(t, y, y', \cdots) = 0 \tag{4.1.10}$$

这里 N 是一个函数。取线性方程

$$L(y) = 0 \tag{4.1.11}$$

这里，L 是一般意义下的线性算子。首先，取同伦方程

$$(1 - \epsilon)L(y) + \epsilon N(t, y, y', \cdots) = 0 \tag{4.1.12}$$

这里，ϵ 是一个同伦参数，满足 $0 \leqslant \epsilon \leqslant 1$。容易看出当 ϵ 从 0 变到 1 时，方程从 $L(y) = 0$ 变到 $N(t, y, y', \cdots) = 0$。接下来就可以用 TR 方法来处理同伦方程，最后令 $\epsilon = 1$。将解进行微扰展开

$$y = y_0 + \epsilon y_1 + \epsilon^2 y_2 + \cdots \tag{4.1.13}$$

这里，y_k 是 t 的未知函数。将微扰展开式代入同伦方程可得

$$L(y_0) = 0$$

$$L(y_1) = L(y_0) - N(t, y_0, y_0', \cdots)$$

$$\cdots$$

求解这些微分方程，得到解 $y_0, y_1, \cdots$。然后将微扰解在任意点 t_0 展开成泰勒

级数,并令 $\epsilon=1$,则有

$$y(t,t_0)=Y_0(t_0,A,B,\cdots)+Y_1(t_0,A,B,\cdots)(t-t_0)+$$
$$Y_2(t_0,A,B,\cdots)(t-t_0)^2+o((t-t_0)^2)$$

这里,$A,B,\cdots$ 是待求参数。而原方程的解应该就是

$$y(t)=Y_0(t,A,B,\cdots) \tag{4.1.14}$$

根据 TR 方法,把这些参数都看成 t_0 的函数,即 $A=A(t_0),B=B(t_0),\cdots$,从而确定关系式

$$\frac{\partial Y_0(t_0,A,B,\cdots)}{\partial t_0}=Y_1(t_0,A,B,\cdots) \tag{4.1.15}$$

通过恰当地选择封闭的重正化方程,便解出了 $A(t_0),B(t_0),\cdots$,然后将参数代回 $Y_0(t,A,B,\cdots)$,从而得到原方程的大范围渐近解。以下面多解问题为例给出 HTR 方法的应用步骤[9]

$$y'=1-y^2 \tag{4.1.16}$$

首先给出它的同伦方程如下:

$$y'+y=1-\epsilon(y^2-y) \tag{4.1.17}$$

微扰展开

$$y=\sum_{n=0}^{+\infty}y_n\epsilon^n \tag{4.1.18}$$

代入同伦方程得

$$y_0'+y_0=0 \tag{4.1.19}$$

和

$$y_1'+y_1=y_0-y_0^2 \tag{4.1.20}$$

等。从这些方程可以看出

$$y_0=Ae^{-t}+1 \tag{4.1.21}$$

$$y_1=-A(t-t_0)e^{-t}+A^2e^{-2t} \tag{4.1.22}$$

因此

$$y = Ae^{-t} + 1 + \epsilon(-A(t-t_0)e^{-t} + A^2e^{-2t}) + O(\epsilon^2) \quad (4.1.23)$$

根据 TR 方法，可得重正化方程为

$$\frac{\partial}{\partial t_0}(Ae^{-t_0} + 1 + A^2e^{-2t_0}) = -A\epsilon e^{-t_0} - Ae^{-t_0} - 2A^2\epsilon e^{-2t_0} \quad (4.1.24)$$

由此可得

$$A'(t_0) + \epsilon A = 0 \quad (4.1.25)$$

解之得 $A(t_0) = A_0e^{-\epsilon t_0}$。因此原方程的大范围渐近解为

$$y = 1 + A_0e^{-(1+\epsilon)t} + \epsilon A_0^2e^{-2(1+\epsilon)t} + O(\epsilon^2) \quad (4.1.26)$$

取 $\epsilon = 1$，有

$$y = 1 + A_0e^{-2t} + A_0^2e^{-4t} + O(1) \quad (4.1.27)$$

这是一个非平凡的大范围解。通过初始条件得到的精确解为

$$y = \frac{1 - Ae^{-2t}}{1 + Ae^{-2t}} = 1 + 2Ae^{-2t} + 2A^2e^{-4t} + \cdots \quad (4.1.28)$$

比较渐近解和精确解，当 t 趋于无穷大时，这两个解是相同的。这说明 HTR 方法在求解大范围渐近解的问题上是十分有效的。

同伦重正化方法理论基础简单、严格、逻辑清晰、应用方便，如果能选取合适的初始同伦方程，给出的大范围渐近解与数值解可以达到非常高的吻合度。因此可以利用 HTR 方法来研究数学、物理、力学中非线性问题的解析解，也可以用此方法研究流体力学中的若干边值问题，特别是无穷远边值问题。

本章拟采取 HTR 方法研究处理几类力学、物理学中重要的非线性问题，获得它们的大范围一致有效渐近解。

4.2　修正的 Boussinesq 方程的大范围渐近解

4.2.1　问题介绍

Boussinesq 方程

$$\begin{cases} H_t + HH_z + gu_z + \dfrac{1}{3}au_{ttz} = 0 \\ u_t + Hu_z + uH_z = 0 \end{cases} \tag{4.2.1}$$

由著名流体力学家布西内斯克(Boussinesq)提出，用以求解浅水中长波的传播问题，是纳维-斯托克斯(Navier-Storkes)方程在 Boussinesq 假设下的简化。之后人们发现这个方程在很多领域均有广泛的应用，例如在非线性格子波[82]、等离子声学[83]、非线性弦振动问题中均会用到该方程[84]。然而在许多问题，如多孔地下层水渗透问题上由于方程的某些假设过于理想，导致其结果在实际应用中会产生较大的误差。所以，为了满足理论与实际应用的需要，科学家对这个方程进行了适当的修正[19]，即

$$\begin{cases} \dfrac{\partial^3 H}{\partial z^2 \partial t} = R_{\text{eh}}^{-1} \dfrac{\partial^4 H}{\partial z^4} + 2\left(H\dfrac{\partial^3 H}{\partial z^3} + G\dfrac{\partial G}{\partial z}\right) \\ \dfrac{\partial G}{\partial t} = R_{\text{eh}}^{-1} \dfrac{\partial^2 G}{\partial z^2} + 2\left(H\dfrac{\partial G}{\partial z} - G\dfrac{\partial H}{\partial z}\right) \end{cases} \tag{4.2.2}$$

其中，$G = G(x, t)$ 表示水的水平速度，$H = H(x, t)$ 表示水的总深度。由于该方程广泛的应用背景，求解这个方程具有非常重要的意义。事实上，由于该方程秩非齐次，即使利用行波变换法，也很难得到该方程的精确行波解。在这一节中，先通过行波变换，将扰动 Boussinesq 方程化成常微分方程的形式，然后利用 HTR 方法得到其近似解。结果表明，该解在无穷远处是收敛

的，即此解为大范围渐近解[17]。

4.2.2　修正 Boussinesq 方程的一致有效近似解析解

首先对修正的 Boussinesq 方程作行波变换 $H = H(\eta)$，$G = G(\eta)$，$\eta = kz + \omega t$，则扰动 Boussinesq 方程退化成如下的常微分方程组

$$\begin{cases} k^2 \omega H''' = Rk^4 H^{(4)} + 2(Hk^3 H''' + GkG') \\ \omega G' = Rk^2 G'' + 2(HkG' - GkH') \end{cases} \quad (4.2.3)$$

取方程组(4.2.3)的同伦方程组

$$\begin{cases} H^{(4)} + H''' = \varepsilon \left(\left(\dfrac{\omega}{Rk^2} + 1 \right) H''' - \dfrac{2}{Rk^3}(k^2 HH''' + GG') \right) \\ G'' + G = \varepsilon \left(\dfrac{\omega}{Rk^2} G' - \dfrac{2}{Rk} HG' + \dfrac{2}{Rk} GH' + G \right) \end{cases} \quad (4.2.4)$$

将 H 和 G 进行如下的微扰展开

$$\begin{cases} H(\eta) = H_0(\eta) + \varepsilon H_1(\eta) + \varepsilon^2 H_2(\eta) + \cdots \\ G(\eta) = G_0(\eta) + \varepsilon G_1(\eta) + \varepsilon^2 G_2(\eta) + \cdots \end{cases}$$

从而在 ε 零阶时有

$$\begin{cases} H_0^{(4)} + H_0''' = 0 \\ G_0'' + G_0 = 0 \end{cases}$$

解之易得

$$\begin{cases} H_0 = Ae^{-\eta} + B \\ G_0 = C\sin(\eta + \varphi_0) \end{cases} \quad (4.2.5)$$

在 ε 第一阶时有

$$\begin{cases} H_1^{(4)} + H_1''' = \left(\dfrac{\omega}{Rk^2} + 1 \right) H_0''' - \dfrac{2}{Rk^3}(k^2 H_0 H_0''' + G_0 G_0') \\ G_1'' + G_1 = \dfrac{\omega}{Rk^2} G_0' - \dfrac{2}{Rk} H_0 G_0' + \dfrac{2}{Rk} G_0 H_0' + G_0 \end{cases} \quad (4.2.6)$$

接下来求解微分方程组(4.2.6)。考虑如下几个微分方程

$$H_{11}^{(4)} + H_{11}''' = \left(-A\left(\frac{\omega}{Rk^2}+1\right)-\frac{2A}{Rk}\right)e^{-\eta} \qquad (4.2.7)$$

解之得

$$H_{11} = \left(A\left(\frac{\omega}{Rk^2}+1\right)+\frac{2A}{Rk}\right)(\eta-\eta_0)e^{-\eta}$$

$$H_{12}^{(4)} + H_{12}''' = -\frac{2A}{Rk} \qquad (4.2.8)$$

解之得

$$H_{12} = -De^{-\eta} - \frac{B}{3Rk}\eta^3 + \frac{C_1}{\eta^2} + C_2\eta + C_3$$

$$H_{13}^{(4)} + H_{13}''' = -\frac{\sin(2\eta+2\varphi_0)}{Rk^3} \qquad (4.2.9)$$

解之得

$$H_{13} = -\frac{1}{40Rk^3}\cos(2\eta+2\varphi_0) - \frac{1}{40Rk^3}\sin(2\eta+2\varphi_0)$$

$$G_{11}'' + G_{11} = \left(\frac{\omega C}{Rk^2}-\frac{2BC}{Rk}\right)\cos(\eta+\varphi_0) \qquad (4.2.10)$$

解之得

$$G_{11} = \left(\frac{\omega C}{2Rk^2}-\frac{BC}{Rk}\right)(\eta-\eta_0)\sin(\eta+\varphi_0)$$

$$G_{12}'' + G_{12} = -\frac{2AC}{Rk}e^{-\eta}\cos(\eta+\varphi_0) - \frac{2AC}{Rk}e^{-\eta}\sin(\eta+\varphi_0) \qquad (4.2.11)$$

解之得

$$G_{12} = \frac{AC}{Rk}e^{-\eta}\cos(\eta+\varphi_0) - \frac{AC}{Rk}e^{-\eta}\sin(\eta+\varphi_0)$$

$$G_{13}'' + G_{13} = C\sin(\eta+\varphi_0) \qquad (4.2.12)$$

解之得

$$G_{13} = -\frac{C}{2}(\eta - \eta_0)\cos(\eta + \varphi_0)$$

将微分方程(4.2.7)～(4.2.9)的解叠加，可得到 ε 在第一阶时微分方程组 (4.2.6)中 H_1 的解，即

$$H_1 = \left(\frac{A\omega}{Rk^2} + \frac{2A}{Rk} + A\right)(\eta - \eta_0)e^{-\eta} - \frac{1}{40Rk^3}\cos(2\eta + 2\varphi_0) -$$

$$\frac{1}{40Rk^3}\sin(2\eta + 2\varphi_0) - De^{-\eta} - \frac{B}{3Rk}\eta^3 + \frac{C_1}{\eta^2} + C_2\eta + C_3$$

$$(4.2.13)$$

同样，将微分方程(4.2.10)～(4.2.12)的解叠加，可得到微分方程组(4.2.6) 中 G_1 的解，即

$$G_1 = \frac{AC}{Rk}e^{-\eta}\cos(\eta + \varphi_0) - \frac{AC}{Rk}e^{-\eta}\sin(\eta + \varphi_0) -$$

$$\frac{C}{2}(\eta - \eta_0)\cos(\eta + \varphi_0) + \left(\frac{\omega C}{2Rk^2} - \frac{BC}{Rk}\right)(\eta - \eta_0)\sin(\eta + \varphi_0)$$

$$(4.2.14)$$

将式(4.2.5)和式(4.2.13)～(4.2.14)的结果代入 H 和 G 的微扰展开中， 并令 $\varepsilon = 1$ 可得

$$\begin{cases} H = (A - D)e^{-\eta} - \frac{1}{40Rk^3}\cos(2\eta + 2\varphi_0) - \frac{1}{40Rk^3}\sin(2\eta + 2\varphi_0) - \frac{B}{3Rk}\eta^3 + \\ \quad \frac{C_1}{\eta^2} + C_2\eta + C_3 + B + \left(\frac{A\omega}{Rk^2} + \frac{2A}{Rk} + A\right)(\eta - \eta_0)e^{-\eta} + O(1) \\ G = C\sin(\eta + \varphi_0) + \frac{AC}{Rk}e^{-\eta}\cos(\eta + \varphi_0) - \frac{AC}{Rk}e^{-\eta}\sin(\eta + \varphi_0) - \\ \quad \frac{C}{2}(\eta - \eta_0)\cos(\eta + \varphi_0) + \left(\frac{\omega C}{2Rk^2} - \frac{BC}{Rk}\right)(\eta - \eta_0)\sin(\eta + \varphi_0) + O(1) \end{cases}$$

$$(4.2.15)$$

对式(4.2.15)在 η_0 点处进行泰勒展开

$$
\begin{cases}
H = (A-D)\mathrm{e}^{-\eta_0} - \dfrac{1}{40Rk^3}\cos(2\eta_0+2\varphi_0) - \dfrac{1}{40Rk^3}\sin(2\eta_0+2\varphi_0) - \\[2mm]
\quad \dfrac{B}{3Rk}\eta_0^3 + \dfrac{C_1}{2}\eta_0^2 + B + \Bigg[(-A+D)\mathrm{e}^{-\eta_0} + \Big(\dfrac{A\omega}{Rk^2} + \dfrac{2A}{Rk} + A\Big)\mathrm{e}^{-\eta_0} + \\[2mm]
\quad \dfrac{1}{20Rk^3}\sin(2\eta_0+2\varphi_0) - \dfrac{1}{20Rk^3}\cos(2\eta_0+2\varphi_0) - \dfrac{B}{Rk}\eta_0^2 + C_1\eta_0 + C_2\Bigg](\eta-\eta_0) + \\[2mm]
\quad O((\eta-\eta_0)^2) \\[2mm]
G = C\sin(\eta_0+\varphi_0) + \dfrac{AC}{Rk}\mathrm{e}^{-\eta_0}\cos(\eta_0+\varphi_0) - \dfrac{AC}{Rk}\mathrm{e}^{-\eta_0}\sin(\eta_0+\varphi_0) + \\[2mm]
\quad \Bigg(\Big(\dfrac{\omega C}{2Rk^2} - \dfrac{BC}{Rk}\Big)\cdot\sin(\eta_0+\varphi_0) - \dfrac{C}{2}\cos(\eta_0+\varphi_0) - \dfrac{2AC}{Rk}\mathrm{e}^{-\eta_0}\cos(\eta_0+\varphi_0)\Bigg)\cdot \\[2mm]
\quad (\eta-\eta_0) + O((\eta-\eta_0)^2)
\end{cases}
$$

$$(4.2.16)$$

根据 HTR 方法，令 A、B、C、D 及 φ_0 都是 η_0 的待估函数，即 $A=A(\eta_0)$、$B=B(\eta_0)$、$C=C(\eta_0)$、$D=D(\eta_0)$ 以及 $\varphi=\varphi(\eta_0)$，因此可列出问题 $(4.2.4)$ 的重正化方程为

$$
B' + \dfrac{1}{20Rk^3}\sin(2\eta_0+2\varphi_0)\varphi_0' - \dfrac{1}{20Rk^3}\cos(2\eta_0+2\varphi_0)\varphi_0'
$$

$$
= \Big(\dfrac{A\omega}{Rk^2} + \dfrac{2A}{Rk} + A\Big)\mathrm{e}^{-\eta_0}C'\sin(\eta_0+\varphi_0) + C\cos(\eta_0+\varphi_0) + C\cos(\eta_0+\varphi_0)\varphi_0' +
$$

$$
\dfrac{A'C}{Rk}\mathrm{e}^{-\eta_0}\cos(\eta_0+\varphi_0) + \dfrac{AC'}{Rk}\mathrm{e}^{-\eta_0}\cos(\eta_0+\varphi_0) - \dfrac{AC}{Rk}\mathrm{e}^{-\eta_0}\sin(\eta_0+\varphi_0)\varphi_0' -
$$

$$
\dfrac{A'C}{Rk}\mathrm{e}^{-\eta_0}\sin(\eta_0+\varphi_0) - \dfrac{AC'}{Rk}\mathrm{e}^{-\eta_0}\sin(\eta_0+\varphi_0) - \dfrac{AC}{Rk}\mathrm{e}^{-\eta_0}\cos(\eta_0+\varphi_0)\varphi_0'
$$

$$
= \Big(\dfrac{\omega C}{2Rk^2} - \dfrac{BC}{Rk}\Big)\sin(\eta_0+\varphi_0) - \dfrac{C}{2}\cos(\eta_0+\varphi_0) - \dfrac{2AC}{Rk}\mathrm{e}^{-\eta_0}\cos(\eta_0+\varphi_0)
$$

$$(4.2.17)$$

由上述重正化方程组可以得到如下四个关于 A、B、C、D 和 φ_0 的封闭方程：

$$\left(\frac{\omega}{Rk^2}+\frac{2}{Rk}+1\right)A=A'-D' \tag{4.2.18}$$

$$B'+\frac{1}{20Rk^3}\sin(2\eta_0+2\varphi_0)\varphi_0'-\frac{1}{20Rk^3}\cos(2\eta_0+2\varphi_0)\varphi_0'=0 \tag{4.2.19}$$

$$C'-\frac{AC}{Rk}e^{-\eta_0}\varphi_0'-\frac{(AC)'}{Rk}e^{-\eta_0}=\left(\frac{\omega}{2Rk^2}-\frac{B}{Rk}\right)C \tag{4.2.20}$$

$$C+C\varphi_0'+\frac{(AC)'}{Rk}e^{-\eta_0}-\frac{AC}{Rk}e^{-\eta_0}\varphi_0'=-\frac{C}{2} \tag{4.2.21}$$

式(4.2.20)与式(4.2.21)相加，并令 $\varphi_0'=0$，可得

$$\varphi=\bar{\varphi} \tag{4.2.22}$$

其中，$\bar{\varphi}$ 为任意常数。将 $\varphi=\bar{\varphi}$ 代入式(4.2.19)并令 $B'=0$，得

$$B=\bar{B} \tag{4.2.23}$$

$$C=e^{-\left(\frac{3}{2}-\frac{\omega}{2Rk^2}+\frac{B}{Rk}\right)\eta} \tag{4.2.24}$$

这里，$\bar{B}$ 为任意常数。在方程(4.2.18)中，不妨令 $D=2A$，于是

$$A=e^{-\left(\frac{\omega}{Rk^2}+\frac{2}{Rk}+1\right)\eta} \tag{4.2.25}$$

$$D=2e^{-\left(\frac{\omega}{Rk^2}+\frac{2}{Rk}+1\right)\eta} \tag{4.2.26}$$

最后，根据 TR 方法的结论，将式(4.2.22)~(4.2.26)代入泰勒展开式(4.2.16)的零阶项中，便求得了修正 Boussinesq 问题的大范围近似解

$$\begin{cases} H=-e^{\frac{\omega}{Rk^2}+\frac{2}{Rk}-2}-\frac{1}{40Rk^3}\cos(2\eta+2\bar{\varphi})-\frac{1}{40Rk^3}\sin(2\eta+2\bar{\varphi}) \\ G=e^{-\left(\frac{3}{2}-\frac{\omega}{2Rk^2}+\frac{B}{Rk}\right)\eta}\sin(\eta+\bar{\varphi})+ \\ \quad \frac{1}{Rk}e^{-\left(\frac{\omega}{2Rk^2}+\frac{2+\bar{B}}{Rk}+\frac{3}{2}\right)\eta}(\cos(\eta+\bar{\varphi})-\sin(\eta+\bar{\varphi})) \end{cases}$$

$$\tag{4.2.27}$$

这里，C_1 是积分常数，为了保证解的收敛取 $\overline{B} > \dfrac{\omega - 3Rk^2}{2k}$。此时，即得到一致有效的大范围渐近解。

4.3　带有三次和五次非线性项的 Schrödinger 方程渐近解的分类

4.3.1　问题介绍

科学研究中，人们经常会利用偏微分方程来描述物理现象[85-87]。然而，用常系数偏微分方程来描述现实世界的物理现象是比较粗糙的，用变系数非线性偏微分方程去描述更恰当[88-89]。但变系数非线性偏微分方程的求解是十分困难的，尤其在含有高次非线性项时难度更大，例如薛定谔（Schrödinger）方程的求解。Schrödinger 方程在量子力学中的地位如同牛顿方程在经典力学中一样。纵观以往的研究内容，非线性项一般只有三次项。然而，有很多系统会产生同时带有三次（Cubic）和五次（Quintic）非线性项的 Schrödinger 方程 CQ - Schrödinger[20]。CQ - Schrödinger 方程在物理上有着广泛的应用，尤其是在非线性光学上[90-91]。此时，三次和五次非线性项可以用来描述双掺杂光纤的脉冲传播。特别地，当掺杂剂沿着光纤变化时，可以根据掺杂剂的特征来调节控制三次和五次非线性项的参数的符号和数值，从而得到相应的脉冲方程[92]。CQ - Schrödinger 方程还有许多其他的应用，例如在玻色-爱因斯坦（Bose-Einstein）凝聚态中，光学互连可能会导致非线性 CQ - Schrödinger 方程出现大量的非线性项[93]。因此，对 CQ - Schrödinger 方程的解的研究，一直是人们热衷的焦点，并已得到了很多有代表性的结果。

Serkin[94]等人采用一个简单的相似变换将非自治的非线性 CQ -

Schrödinger 方程变换成稳定方程。此项工作推动了更多的学者参与这个问题的研究当中，并得到了很多令人欣喜的成果。Belmonte-Beitia、Pérez-García、Vekslerchik 和 Konotop(BPVK)在参考文献[100]及[101]中给出将非线性 CQ – Schrödinger 方程变换成稳定方程的可行方法。Avelar 等人在 2009 年[20]采用(BPVK)[100]的方法处理了同时带有三次和五次非线性项的 Schrödinger 方程。方程形式如下：

$$i\frac{\partial \Psi}{\partial x}=-\frac{\partial^2 \Psi}{\partial x^2}+v(x,t)\Psi+g_3(x,t)\mid \Psi\mid^2\Psi+g_5(x,t)\mid \Psi\mid^4\Psi$$

$$(4.3.1)$$

这里，Ψ 是 x 和 t 的函数，$v(x,t)$、$g_3(x,t)$ 和 $g_5(x,t)$ 都是空间和时间的函数，$v(x,t)$ 是势阱函数，$g_3(x,t)$ 和 $g_5(x,t)$ 分别是三次和五次非线性项的系数函数。在文献[20]中，Avelar 等人给出了如何利用简单的参数得到非线性亮波和非线性暗波，这些波以几种不同的方式在空间中振荡。这些振荡是由控制着势阱函数的参数驱动的，这些参数依赖于时间与空间坐标，并包含于三次与五次的非线性项中。本章将 HTR 方法和多项式完全判别系统法[7]相结合从而得到方程(4.3.1)的渐近解的分类。首先利用 HTR 方法来获得 Ermakov-Pinney 方程的大范围渐近解，在此基础上，采用多项式完全判别系统法最终得到方程(4.3.1)的渐近解的分类。

第 1 章已给出多项式完全判别系统法的主要思想，这里再简单重述：如果一个非线性偏微分方程可以通过行波变换退化成如下形式的常微分方程

$$u'(\xi) = G(u,\theta_1,\cdots,\theta_m)\qquad(4.3.2)$$

其中，$\theta_1,\cdots,\theta_m$ 是参数，那么 $u'(\xi)$ 的解就可以写成如下的积分形式：

$$\xi-\xi_0 = \int \frac{\mathrm{d}u}{G(u,\theta_1,\cdots,\theta_m)}\qquad(4.3.3)$$

只需要解积分方程(4.3.3)即可。也就是说对于这样的方程不需要任何构造

法，其至利用多项式完全判别系统法能得到积分方程(4.3.3)的所有解的分类。下面将 HTR 方法与多项式完全判别系统法相结合来给出 CQ - Schrodinger 方程渐近解的分类。

接下来的内容中，先处理满足宽度的变系数偏微分 Ermakov-Pinney 方程，采用 HTR 方法给出它的大范围渐近解。Avelar 等人在文献[20]中得到的结果可以从本工作中得到，并且该解更丰富[17,21]。

4.3.2　CQ - Schrödinger 方程渐近解的分类

在这节中，采用 Avelar 等人在文献[20]中应用的 BPVK 的操作程序[100]，将方程(4.3.1)化为稳定方程。然后，结合 HTR 方法与多项式完全判别系统法给出 CQ - Schrödinger 方程渐近解的分类。根据 BPVK 的工作，设方程

$$\Psi(x,t) = \rho(x,t)\mathrm{e}^{\mathrm{i}\phi(x,t)}\Phi(\zeta(x,t)) \tag{4.3.4}$$

将上式代入 CQ - Schrödinger 方程，然后令 Φ' 的系数等于 0，分离实部与虚部可得

$$\zeta_t + 2\phi_x\zeta_x = 0 \tag{4.3.5}$$

$$2\rho_x\zeta_x + \rho\zeta_{xx} = 0 \tag{4.3.6}$$

$$\rho_t + 2\rho_x\phi_x + \rho\phi_{xx} = 0 \tag{4.3.7}$$

$$\left(-\phi_t + \frac{1}{\rho}\rho_{xx} - \phi_x^2 - v\right)\Phi = -\zeta_x^2\Phi'' + g_3\rho^2\Phi^3 + g_5\rho^4\Phi^5 \tag{4.3.8}$$

根据文献[20]，引入一个新的函数 $\xi(x,t) = \gamma(t)x + \delta(t)$，使得 $\zeta(x,t) = F(\xi(x,t))$。这里需要强调的是选择的 F 必须能够使解满足边界条件。事实上，γ 是局部宽度函数，下面将利用 HTR 方法给出它的大范围渐近解。将 ζ_x 和 ζ_t 代入式(4.3.5)，得

$$\phi = -\frac{\gamma'}{4\gamma}x^2 - \frac{\delta'}{2\gamma}x + a(t) \tag{4.3.9}$$

其中,$a(t)$是关于t的一个任意函数。将式(4.3.5)积分一次,有

$$\rho^2 \zeta_x = f(t) \tag{4.3.10}$$

其中,$f(t)$是t的任意函数。方便起见,不妨取$f(t) = \gamma^2$,因此有

$$\zeta_x = \frac{\gamma^2}{\rho^2} \tag{4.3.11}$$

$$\rho = \sqrt{\frac{\gamma}{F'}} \tag{4.3.12}$$

将式(4.3.11)代入式(4.3.8),然后两边同除以ζ_x^2,方程(4.3.1)化成如下的实系数方程

$$\mu\Phi = -\Phi'' + G_3\Phi^3 + G_5\Phi^5 \tag{4.3.13}$$

其中,μ是式(4.3.13)的特征值,G_3和G_5是实常数,则原方程中的变系数满足以下关系

$$v = \frac{1}{\rho}\rho_{xx} - \phi_t - \phi_x^2 - \left(\frac{\gamma}{\rho}\right)^4\mu \tag{4.3.14}$$

$$g_3 = G_3\gamma^4\rho^{-6} \tag{4.3.15}$$

$$g_5 = G_5\gamma^4\rho^{-8} \tag{4.3.16}$$

按照文献[20]中给出的特定变系数,不妨也假设$g_3(x,t) = \gamma e^{-\frac{x^2}{b^2}}$,则有

$$\rho = G_3^{\frac{1}{6}}\gamma^{\frac{1}{2}}e^{-\frac{x^2}{6b^2}} \tag{4.3.17}$$

其中,b是一个实参数,用来控制三次非线性项。将ρ_{xx}、ϕ_t和ϕ_x代入式(4.3.4),得到势阱函数为

$$v(x,t) = \left(\gamma^4 + \frac{r''}{4\gamma} - \frac{\gamma'^2}{2\gamma^2}\right)x^2 + \left(2\gamma^3\delta + \frac{\delta''}{2\gamma} - \frac{\gamma'\delta'}{\gamma^2}\right)x +$$
$$\left(-\gamma^2 + \gamma^2\delta^2 - \frac{\delta'^2}{4\gamma^2} - a'\right) - \mu\gamma^2 G_3^{-\frac{2}{3}}e^{\frac{2x^2}{3b^2}} \tag{4.3.18}$$

接下来必须获得宽度函数 γ，为此令

$$\omega(t) = \gamma^4 + \frac{\gamma''}{4\gamma} - \frac{\gamma'^2}{2\gamma^2} \qquad (4.3.19)$$

$$\chi = \gamma^{-1} \qquad (4.3.20)$$

由此得到了 Ermakov-Pinney 方程

$$\chi'' + 4\omega^2(t)\chi = 4\chi^{-3} \qquad (4.3.21)$$

接下来的任务就是求解 Ermakov-Pinney 方程(4.3.21)的大范围渐近解，进而给出方程(4.3.1)解的分类。

1. Ermakov-Pinney 方程的近似解析解

Pérez-García 等人在文献[101]中给出了马蒂厄(Mathieu)方程

$$\chi'' + 4\omega^2(t)\chi = 0 \qquad (4.3.22)$$

的两个线性无关的解 x_1 和 x_2。之后，Belmonte-Beitia 和 Pérez-García 等人在文献[100]和文献[101]中给出了 Ermakov-Pinney 方程的解有如下形式

$$\chi = \sqrt{\frac{2x_1^2(t) + 2x_2^2(t)}{W^2}} \qquad (4.3.23)$$

其中，W 是 x_1 和 x_2 的朗斯基行列式。本节将采用更有效的 HTR 方法直接获取 Ermakov-Pinney 方程的大范围渐近解。为获得分析解选择[20]

$$\omega^2(t) = 1 + \varepsilon\cos(\omega_0(t)) \qquad (4.3.24)$$

其中，ω_0 是一个常数。取同伦方程如下

$$(1-\eta)(\chi'' + 4\chi) + \eta\left(\chi'' + 4\chi + 4\varepsilon\cos\omega_0 t \cdot \chi - \frac{4}{\chi^3}\right) = 0 \qquad (4.3.25)$$

对 χ 进行微扰展开

$$\chi = \chi_0 + \eta\chi_1 + \eta^2\chi_2 + \cdots \qquad (4.3.26)$$

将式(4.3.26)代入同伦方程(4.3.25)中，得到

$$\chi_0'' + 4\chi_0 = 0 \qquad (4.3.27)$$

$$\chi''_1 + 4\chi_1 = -4\varepsilon\cos(\omega_0(t)) \cdot \chi_0 + \frac{4}{\chi_0^3} \qquad (4.3.28)$$

解方程(4.3.27)易得

$$\chi_0 = a_0\cos(2t + \varphi_0) \qquad (4.3.29)$$

将 χ_0 代入式(4.3.28)，需要讨论以下三种情况。

第一种情况，当 $\omega_0 = 0$ 时

$$\chi_1 = -a_0\varepsilon\sin(2t + \varphi_0)(t - t_0) + \frac{1}{2a_0^3\cos(2t + \varphi_0)} - \frac{\cos(2t + \varphi_0)}{a_0^3}$$

$$(4.3.30)$$

其中，a_0 和 φ_0 是两个积分常数。将 χ_0 和 χ_1 代入式(4.3.26)，得

$$\chi = a_0\cos(2t + \varphi_0) + \eta\left[-a_0\varepsilon\sin(2t + \varphi_0)(t - t_0) + \frac{1}{2a_0^3\cos(2t + \varphi_0)} - \right.$$

$$\left. \frac{\cos(2t + \varphi_0)}{a_0^3}\right] + O(\eta^2)$$

$$(4.3.31)$$

在 t_0 点将式(4.3.31)展开成泰勒级数

$$\chi(t, t_0) = \left(a_0 - \frac{\eta}{a_0^3}\right)\cos(2t_0 + \varphi_0) + \left(-2a_0 - \eta\varepsilon a_0 + \frac{2\eta}{a_0^3}\right) \cdot$$

$$\sin(2t_0 + \varphi_0)(t - t_0) + O((t - t_0)^2) \qquad (4.3.32)$$

令 a_0、φ_0 都是 t_0 的函数，即 $a_0 = a_0(t_0)$，$\varphi_0 = \varphi_0(t_0)$，得重正化方程为

$$(a'_0 + 3\eta a_0^{-4}a'_0)\cos(2t_0 + \varphi_0) - 2\left(a_0 - \frac{\eta}{a_0^3}\right)\sin(2t_0 + \varphi_0)\varphi'_0 = -\eta a_0\varepsilon\sin(2t_0 + \varphi_0)$$

$$(4.3.33)$$

令 $\eta = 1$，可得

$$a'_0 + 3a_0^{-4}a'_0 = 0 \qquad (4.3.34)$$

$$2\left(a_0 - \frac{1}{a_0^3}\right)\varphi_0' = -a_0\varepsilon \tag{4.3.35}$$

解式(4.3.34)和式(4.3.35)可得

$$a_0 = \overline{A_1} \tag{4.3.36}$$

$$\varphi_0 = \frac{\overline{A_1}^4\varepsilon}{2(\overline{A_1}^4 - 1)}t + \overline{B_1} \tag{4.3.37}$$

这里，$\overline{A_1}$ 和 $\overline{B_1}$ 是积分常数。因此，

$$\chi = \left(\overline{A} - \frac{1}{\overline{A_1}}\right)\cos\left(2t + \frac{\overline{A_1}^4\varepsilon}{2\,\overline{A_1}^4 - 2}t + \overline{B_1}\right) +$$

$$\frac{1}{2\,\overline{A_1}^3}\cos^{-1}\left(2t + \frac{\overline{A_1}^4\varepsilon}{2\,\overline{A_1}^4 - 2}t + \overline{B_1}\right) + O(1) \tag{4.3.38}$$

由此可得宽度函数 γ 为

$$\gamma = \frac{2\,\overline{A_1}^3\cos\left(\frac{(4+\varepsilon)\,\overline{A_1}^4 - 4}{2(\overline{A_1}^4 - 1)}t + \overline{B_1}\right)}{2(\overline{A_1}^4 - 1)\cos^2\left(\frac{(4+\varepsilon)\,\overline{A_1}^4 - 4}{2(\overline{A_1}^4 - 1)}t + \overline{B_1}\right) + 1 + 2\,\overline{A_1}^3\cos\left(\frac{(4+\varepsilon)\,\overline{A_1}^4 - 4}{2(\overline{A_1}^4 - 1)}t + \overline{B_1}\right)\cdot O(1)} \tag{4.3.39}$$

第二种情况，当 $\omega_0 = \pm 4$ 时，有

$$\chi_1 = -\frac{\varepsilon a_0}{16}\cos(6t + \varphi_0) - \frac{\varepsilon a_0}{2}\sin(2t - \varphi_0)(t - t_0) +$$

$$\frac{1}{2a_0^3\cos(2t + \varphi_0)} - \frac{\cos(2t + \varphi_0)}{a_0^3} \tag{4.3.40}$$

其中，a_0 和 φ_0 是两个积分常数。有

$$\chi = a_0\cos(2t + \varphi_0) + \eta\Bigg[-\frac{\varepsilon a_0}{16}\cos(6t + \varphi_0) - \frac{\varepsilon a_0}{2}\sin(2t - \varphi_0)(t - t_0) +$$

$$\frac{1}{2a_0^3\cos(2t + \varphi_0)} - \frac{\cos(2t + \varphi_0)}{a_0^3}\Bigg] + O(\eta^2) \tag{4.3.41}$$

将式(4.3.41)在 t_0 点展开成泰勒级数

$$\chi(t,t_0) = \left(a_0 - \frac{\eta}{a_0^3}\right)\cos 2t_0 \cos\varphi_0 + \left[-2\left(a_0 - \frac{\eta}{a_0^3}\right)\sin 2t_0 \cos\varphi_0 + \right.$$

$$\left. \frac{\varepsilon\eta a_0}{2}\cos 2t_0 \sin\varphi_0\right](t-t_0) + O((t-t_0)^2) \tag{4.3.42}$$

令 a_0、φ_0 都是 t_0 的函数，重正化方程为

$$a_0'(1 + 3\eta a_0^{-4})\cos 2t_0 \cos\varphi_0 - \left(a_0 - \frac{\eta}{a_0^3}\right)\cos 2t_0 \sin\varphi_0 \cdot \varphi_0' = \frac{\varepsilon\eta a_0}{2}\cos 2t_0 \sin\varphi_0$$

$$\tag{4.3.43}$$

令 $\eta = 1$，有

$$a_0' + 3a_0^{-4}a_0' = 0 \tag{4.3.44}$$

$$-\left(a_0 - \frac{1}{a_0^3}\right)\varphi_0' = \frac{a_0\varepsilon}{2} \tag{4.3.45}$$

解上面两个方程得

$$a_0 = \overline{A_2} \tag{4.3.46}$$

$$\varphi_0 = \frac{\overline{A_2}^4 \varepsilon}{2(1 - \overline{A_2}^4)}t + \overline{B_2} \tag{4.3.47}$$

这里 $\overline{A_2}$ 和 $\overline{B_2}$ 都是积分常数。因此 χ 的解为

$$\chi = \left(\overline{A_2} - \frac{1}{A + O(1)^3}\right)\cos\left(2t + \frac{\overline{A_2}^4 \varepsilon}{2 - 2\overline{A_2}^4}t + \overline{B_2}\right) -$$

$$\frac{\varepsilon\overline{A_2}}{16}\cos\left(6t + \frac{\overline{A_2}^4 \varepsilon}{2 - 2\overline{A_2}^4}t + \overline{B_2}\right) + \tag{4.3.48}$$

$$\frac{1}{2\overline{A_2}^3}\cos^{-1}\left(2t + \frac{\overline{A_2}^4 \varepsilon}{2 - 2\overline{A_2}^4}t + \overline{B_2}\right) + O(1)$$

宽度函数 γ 的解为

$$\gamma = \frac{16\overline{A_2}^3 \cos t_1}{16(\overline{A_2}^4 - 1)\cos^2 t_1 - \varepsilon\overline{A_2}^4 \cos t_1 \cos t_2 + 8 + 16\overline{A_2}^3 \cos t_1 \cdot O(1)}$$

$$\tag{4.3.49}$$

其中，$t_1 = \dfrac{(\varepsilon-4)\overline{A_2}^4+4}{2(1-\overline{A_2}^4)}t + \overline{B_2}$，$t_2 = \dfrac{(\varepsilon-12)\overline{A_2}^4+12}{2(1-\overline{A_2}^4)}t + \overline{B_2}$。

第三种情况，当 $\omega_0 \neq 0$ 且 $\omega_0 \neq \pm 4$ 时，有

$$\chi_1 = \frac{2a_0}{(\omega_0+2)^2-4}\cos((\omega_0+2)t+\varphi_0) + \frac{2a_0}{(\omega_0-2)^2-4}\cos((\omega_0-2)t+\varphi_0)) +$$

$$\frac{1}{2a_0^3\cos(2t+\varphi_0)} - \frac{\cos(2t+\varphi_0)}{a_0^3}$$

$$(4.3.50)$$

因为这种情况的一阶微扰展开中不存在奇异项，所以不需要做重正化。直接可得 χ 的大范围渐近解为

$$\chi = a_0\cos(2t+\varphi_0) + \frac{2a_0}{(\omega_0+2)^2-4}\cos((\omega_0+2)t+\varphi_0) +$$

$$\frac{2a_0}{(\omega_0-2)^2-4}\cos((\omega_0-2)t+\varphi_0)) + \frac{1}{2a_0^3\cos(2t+\varphi_0)} -$$

$$\frac{\cos(2t+\varphi_0)}{a_0^3} + O(1)$$

$$(4.3.51)$$

此时宽度函数 γ 为

$$\gamma = \Bigg[a_0\cos(2t+\varphi_0) + \frac{2\varepsilon a_0}{(\omega_0+2)^2-4}\cos((\omega_0+2)t+\varphi_0) + \frac{2\varepsilon a_0}{(\omega_0-2)^2-4} \cdot$$

$$\cos((\omega_0-2)t+\varphi_0) + \frac{1}{2a_0^3\cos(2t+\varphi_0)} - \frac{\cos(2t+\varphi_0)}{a_0^3} + O(1)\Bigg]^{-1}$$

$$(4.3.52)$$

接下来，就可以给出方程(4.3.1)的解的分类。

2. CQ-Schrödinger 方程渐近解的分类

Avelar 等人通过给定方程(4.3.13)中三次和五次项参数的两对具体值

得到了方程的解[20]。本小节利用多项式完全判别系统法给出不同参数下方程(4.3.13)的解的分类，进而得到 CQ - Schrödinger 方程(4.3.1)行波解的分类[17,21]。首先将方程(4.3.13)两边同时乘以 Φ' 然后积分，于是方程(4.3.13)化为

$$\Phi' = \pm\sqrt{\frac{G_5}{3}\Phi^6 + \frac{G_3}{2}\Phi^4 - \mu\Phi^2 + 2C_0} \qquad (4.3.53)$$

其中，C_0 是积分常数。作变量代换 $\Phi^2 = \dfrac{1}{H}$，则 H 的解可由如下积分方程求出

$$\pm(\zeta - \zeta_0) = \int \frac{\mathrm{d}H}{\sqrt{8C_0 H^3 - 4\mu H^2 + 2G_3 H + \dfrac{4}{3}G_5}} \qquad (4.3.54)$$

其中，ζ_0 是一个积分常数。对于方程(4.3.1)的解，得到以下分类

情形 1　$C_0 = 0, \mu = 0$，方程(4.3.1)相应的解为

$$\Psi = \frac{1}{\sqrt{6}} G_3^{-\frac{1}{3}} \gamma^{\frac{1}{2}} e^{i\varphi} e^{-\frac{(\gamma x + \delta)^2}{6b^2}} \left(3G_3^2(\zeta - \zeta_0)^2 - 4G_5\right)^{-\frac{1}{2}} \qquad (4.3.55)$$

情形 2　$C_0 = 0, \mu \neq 0$，式(4.3.54)整理得

$$\pm\sqrt{-4\epsilon\mu}(\zeta - \zeta_0) = \int \frac{\mathrm{d}H}{\sqrt{\epsilon(H^2 + a_1 H + a_0)}} \qquad (4.3.56)$$

其中，$a_1 = -\dfrac{G_3}{2\mu}$，$a_0 = -\dfrac{G_5}{3\mu}$，并且 $\epsilon = \pm 1$。如果 $\mu < 0$，取 $\epsilon = 1$；如果 $\mu > 0$，取 $\epsilon = -1$。根据多项式判别系统 $\Delta = a_1^2 - 4a_0$ 可知，有以下三种情况需要讨论：

情形 2.1　$\epsilon = 1, \Delta = 0$，方程(4.3.1)的解为

$$\Psi = G_3^{\frac{1}{6}} \gamma^{\frac{1}{2}} e^{i\varphi} e^{-\frac{(\gamma x + \delta)^2}{6b^2}} \left(\frac{G_3}{4\mu} \pm e^{\pm\sqrt{-4\mu}(\zeta - \zeta_0)}\right)^{-\frac{1}{2}} \qquad (4.3.57)$$

情形 2.2　$\epsilon = 1, \Delta > 0$ 或 $\Delta < 0$，方程(4.3.1)的解为

$$\Psi = G_3^{\frac{1}{6}} \gamma^{\frac{1}{2}} \mathrm{e}^{\mathrm{i}\varphi} \mathrm{e}^{-\frac{(\gamma x + \delta)^2}{6b^2}} \left[\frac{G_3}{4\mu} \pm \mathrm{e}^{\pm\sqrt{-4\mu}(\zeta-\zeta_0)} - \sqrt{H^2 - \frac{G_3}{2\mu}H - \frac{G_5}{3\mu}} \right]^{-\frac{1}{2}}$$

$$(4.3.58)$$

情形 2.3　$\epsilon = -1, \Delta > 0$，可得方程 $(4.3.1)$ 的解

$$\Psi = G_3^{\frac{1}{6}} \gamma^{\frac{1}{2}} \mathrm{e}^{\mathrm{i}\varphi} \mathrm{e}^{-\frac{(\gamma x + \delta)^2}{6b^2}} \left[\frac{G_3}{4\mu} \pm \sqrt{\frac{G_3^2}{16\mu^2} + \frac{G_5}{3\mu}} \sin(\sqrt{4\mu}(\zeta - \zeta_0)) \right]^{-\frac{1}{2}}$$

$$(4.3.59)$$

情形 3　$C_0 \neq 0$。为了方便讨论，取 $P = 2C_0^{\frac{1}{3}} H, \zeta = 2C_0^{\frac{1}{3}} \zeta_1$，则方程 $(4.3.54)$ 变为

$$\pm (\zeta_1 - \zeta_0) = \int \frac{\mathrm{d}P}{\sqrt{P^3 + d_2 P^2 + d_1 P + d_0}} \qquad (4.3.60)$$

其中，$d_2 = -\mu C_0^{-\frac{2}{3}}, d_1 = G_3 C_0^{-\frac{1}{3}}, d_0 = \frac{4}{3} G_5$。记 $f(P) = P^3 + d_2 P^2 + d_1 P + d_0$，多项式 $f(P)$ 的完全判别系统为

$$\Delta = -27 \left(\frac{2}{27} d_2^3 + d_0 - \frac{d_1 d_2}{3} \right)^2 - 4 \left(d_1 - \frac{d_2^2}{3} \right)^3, D_1 = d_1 - \frac{d_2^2}{3}$$

根据 Δ 和 D_1 的值，共有以下四种情况需要讨论：

情形 3.1　$\Delta = 0, D_1 = 0$，那么 $f(P) = (P - \alpha)^3$，有

$$\Psi = G_3^{\frac{1}{6}} \gamma^{\frac{1}{2}} \mathrm{e}^{\mathrm{i}\varphi} \mathrm{e}^{-\frac{(\gamma x + \delta)^2}{6b^2}} \sqrt{\frac{2C_0}{1 + \alpha C_0^{\frac{2}{3}} (\zeta - \zeta_0)^2}} (\zeta - \zeta_0) \qquad (4.3.61)$$

情形 3.2　$\Delta = 0, D_1 < 0$，那么 $f(P) = (P - \alpha)^2 (P - \beta), \alpha \neq \beta$，方程 $(4.3.1)$ 的解

$$\Psi = \sqrt{2} C_0^{\frac{1}{6}} G_3^{\frac{1}{6}} \gamma^{\frac{1}{2}} \mathrm{e}^{\mathrm{i}\varphi} \mathrm{e}^{-\frac{(\gamma x + \delta)^2}{6b^2}} \left[\left(\frac{\pm\sqrt{\alpha - \beta} \mathrm{e}^{\pm 2C_0^{\frac{1}{3}}\sqrt{\alpha-\beta}(\zeta-\zeta_0)} + \sqrt{\alpha - \beta}}{1 \mp \mathrm{e}^{\pm 2C_0^{\frac{1}{3}}\sqrt{\alpha-\beta}(\zeta-\zeta_0)}} \right)^2 + \beta \right]^{-\frac{1}{2}}, \alpha > \beta$$

$$(4.3.62)$$

$$\Psi = \sqrt{2} C_0^{\frac{1}{6}} G_3^{\frac{1}{6}} \gamma^{\frac{1}{2}} \mathrm{e}^{\mathrm{i}\varphi} \mathrm{e}^{-\frac{(\gamma x + \delta)^2}{6b^2}} \left((\beta - \alpha) \tan^2 (2C_0^{\frac{1}{3}} \sqrt{\beta - \alpha}(\zeta - \zeta_0)) + \beta \right)^{-\frac{1}{2}}, \alpha < \beta$$

$$(4.3.63)$$

情形 3.3 $\Delta>0, D_1<0$, 这时 $f(P)=(P-\alpha)(P-\beta)(P-\gamma)$, $\alpha<\beta<\gamma$, 当 $\alpha<P<\beta$ 时, 方程(4.3.1)相应的解为

$$\Psi=\sqrt{2}C_0^{\frac{1}{6}}G_3^{\frac{1}{6}}\gamma^{\frac{1}{2}}e^{i\varphi}e^{-\frac{(\gamma x+\delta)^2}{6b^2}}\left[\alpha+(\beta-\alpha)\mathrm{sn}^2(C_0^{\frac{1}{3}}\sqrt{\gamma-\alpha}(\zeta-\zeta_0),\pm\sqrt{\frac{\beta-\alpha}{\gamma-\alpha}})\right]^{-\frac{1}{2}}$$

(4.3.64)

当 $P>\gamma$ 时, 方程(4.3.1)相应的解为

$$\Psi=\sqrt{2}C_0^{\frac{1}{6}}G_3^{\frac{1}{6}}\gamma^{\frac{1}{2}}e^{i\varphi}e^{-\frac{(\gamma x+\delta)^2}{6b^2}}\left[\frac{\gamma-\beta\mathrm{sn}^2(C_0^{\frac{1}{3}}\sqrt{\gamma-\alpha}(\zeta-\zeta_0),\pm\sqrt{\frac{\beta-\alpha}{\gamma-\alpha}})}{\mathrm{cn}^2(C_0^{\frac{1}{3}}\sqrt{\gamma-\alpha}(\zeta-\zeta_0),\pm\sqrt{\frac{\beta-\alpha}{\gamma-\alpha}})}\right]^{-\frac{1}{2}}$$

(4.3.65)

情形 3.4 $\Delta<0$, 这时 $f(P)=(P-\alpha)(P^2+rP+s)$, $r^2-4s<0$, 方程(4.3.1)的解为

$$\Psi=\sqrt{2}C_0^{\frac{1}{6}}G_3^{\frac{1}{6}}\gamma^{\frac{1}{2}}e^{i\varphi}e^{-\frac{(\gamma x+\delta)^2}{6b^2}}\cdot$$

$$\left[\alpha-\sqrt{\alpha^2+r\alpha+s}+\frac{2\sqrt{\alpha^2+r\alpha+s}}{1+\mathrm{cn}(2C_0^{\frac{1}{3}}(\alpha^2+r\alpha+s)^{\frac{1}{4}}(\zeta-\zeta_0),m)}\right]^{-\frac{1}{2}}$$

(4.3.66)

这里 $m^2=\frac{1}{2}\left[1-\frac{\alpha+\frac{r}{2}}{\sqrt{\alpha^2+r\alpha+s}}\right]$, 并且宽度函数 γ 的值已经由式(4.3.39)或式(4.3.49)以及式(4.3.52)相应给出。可取

$$\zeta=F(\xi)=G_3^{-\frac{1}{3}}\int e^{\frac{\xi^2}{3b^2}}\,\mathrm{d}\xi$$

这里 $\xi=\gamma x+\delta$。

容易看出, 当 $\mu=0$、$G_3=2$、$G_5=-3$ 时, 取 $\zeta_0=0$ 代入情形 1; 当 $\mu=3$、$G_3=6$ 且 $G_5=-3$ 时, 取 $C_0=\frac{1}{2}$、$\zeta_0=0$、$\alpha=\sqrt[3]{4}$ 代入情形 3.1, 便可得到 Avelar

等人在文献[20]中得到的结果。

4.4 无穷大旋转平板边界层问题

边界层的基本理论和方程是 20 世纪初由普朗特提出来的[102]，用以处理低黏度流体扰流问题。之后，由于其广泛的工程与理论应用，大量科学家进行了研究，其中旋转圆盘的边界层问题占有重要地位。考虑空间一块区域中的流体，根据牛顿第二定律，忽略黏性等外界力的作用可以得到该处流体的速度场分布为

$$\iiint \rho \frac{\mathrm{d}\boldsymbol{v}}{\mathrm{d}t} \mathrm{d}V = -\oint p \mathrm{d}f \tag{4.4.1}$$

其中，$\mathrm{d}V$ 表示体积微元，$\mathrm{d}f$ 表示面积微元，ρ 表示流体的密度，$\boldsymbol{v}$ 表示速度，p 表示压强。利用格林(Green)公式，可以得到下面的方程

$$\rho \frac{\mathrm{d}\boldsymbol{v}}{\mathrm{d}t} \mathrm{d}V = -\operatorname{grad} p \tag{4.4.2}$$

由于导数 $\dfrac{\mathrm{d}\boldsymbol{v}}{\mathrm{d}t}$ 是随体导数，即

$$\frac{\mathrm{d}\boldsymbol{v}}{\mathrm{d}t} = \frac{\partial \boldsymbol{v}}{\partial t} + (\boldsymbol{v} \cdot \nabla)\boldsymbol{v} \tag{4.4.3}$$

代入式(4.4.2)，得到

$$\rho \frac{\partial \boldsymbol{v}}{\partial t} + (\boldsymbol{v} \cdot \nabla)\boldsymbol{v} = -\operatorname{grad} p \tag{4.4.4}$$

此即为著名的欧拉(Euler)方程，描述了无黏性流体的速度分布。将黏性考虑进去，即可得到 Navier-Storkes 方程

$$\rho \frac{\partial \boldsymbol{v}}{\partial t} + (\boldsymbol{v} \cdot \nabla)\boldsymbol{v} = -\operatorname{grad} p + \eta \Delta \boldsymbol{v} + \left(\zeta + \frac{\eta}{3}\right) \operatorname{grad} \operatorname{div} \boldsymbol{v} \tag{4.4.5}$$

其中，η 为动力黏度，ζ 为第二黏度。如果流体是不可压缩的（对于液体，这种假设是普遍成立的），上述方程可以简化为[103-105]

$$\frac{\partial v}{\partial t} + (v \cdot \nabla)v = -\frac{1}{\rho}\mathrm{grad}\,p + \frac{\eta}{\rho}\Delta v \tag{4.4.6}$$

流体力学中，很多方程都是通过上述方程演化来的，比如若只考虑 x 方向上的速度和变化，并忽略压强的作用，可得到方程

$$u_t + uu_x - vu_{xx} = 0 \tag{4.4.7}$$

其中，$v = \dfrac{\eta}{\rho}$ 为运动黏度，此即为著名的伯格（Burger）方程[106]，如果忽略压强和黏性，考虑流体的色散效应，可以得到

$$u_t + \sigma uu_x + u_{xxx} = 0 \tag{4.4.8}$$

其中，σ 为常数，一般设为 6，此即为著名的 KdV[107] 方程。一般情况下，流体的黏性比较小，所以一般黏性效应都可以忽略，然而在扰流问题中，固壁面处存在较大的速度梯度，此时黏性力仍然很大，黏性力不能忽略，这就是边界层效应。边界层中存在力学相似性行为，比如考虑两块无穷大平板绕自身轴线同向转动问题，即冯·卡门问题，考虑 $z>0$ 一侧的流体，利用柱坐标下的 Navier-Storkes 方程，此时边界条件为

$$v_r(0) = 0, v_\varphi(0) = \Omega r, v_z(0) = 0 \tag{4.4.9}$$

$$v_r(\infty) = 0, v_\varphi(\infty) = 0 \tag{4.4.10}$$

其中，Ω 表示圆盘的转速。采取以下形式的相似变换

$$v_r = r\Omega F(z_1), v_\varphi = r\Omega G(z_1), v_z = \sqrt{v\Omega}H(z_1), p = -\rho v P(z_1) \tag{4.4.11}$$

其中，$z_1 = \sqrt{\dfrac{\Omega}{v}}z$。代入 Navier-Storkes 方程，可以得到

$$\begin{cases} F^2 - G^2 + F'H = F'', 2FG + G'H = G'' \\ HH' = P' + H'', 2F + H = 0 \end{cases} \tag{4.4.12}$$

边界条件为

$$\begin{cases} F(0) = 0, G(0) = 1, H(0) = 0 \\ F(\infty) = 0, G(\infty) = 0 \end{cases} \tag{4.4.13}$$

此即为著名的冯·卡门方程[108]，这也是边界层理论中最著名的方程之一。关于这个方程的数值与解析结果可以在文献[109]～[111]看到。本章考虑几种不同变形形式的冯·卡门问题，这些问题的特点是非线性、高维数，以及复杂的边界条件，并利用同伦重正化方法得到其大范围渐近解。

4.4.1 Schlichting 方程的物理解

1. 问题介绍

本小节考虑 Schlichting 问题[22]

$$\begin{cases} F'' = F^2 - G^2 + HF' + \kappa \\ G'' = 2FG + HG' \\ 2F + H' = 0 \\ P' = H - HH' \end{cases} \tag{4.4.14}$$

其中，κ 是一个常数；F、G、H、P 是 η 的函数，F'、G'、H'、P' 为其对 η 的导数。这是一个约化的 Navier-Stokes 方程。众所周知，在一些特殊的情况下，通过一些对于速度的关键性的假设，Navier-Stokes 方程可以被约化为一组常微分方程，例如前面提到的冯·卡门方程。Bödewadt 利用数值方法[112]，求解了角速度在无穷远处是均匀的情况。Schlichting 在文献[22]中，研究了系统受到外力的情况，通过柱坐标进行以下变换

$$u = r\Omega F(\eta)$$

$$v = r\Omega G(\eta)$$

$$w = (\nu\Omega)^{\frac{1}{2}} H(\eta)$$

$$\frac{p}{\rho} = \nu\Omega P(\eta) + \frac{1}{2}\kappa\Omega^2 r^2$$

其中，Ω 是圆盘运动的角速度，$\eta = z\left(\dfrac{\Omega}{\nu}\right)^{\frac{1}{2}}$，文献[22]给出了方程(4.4.14)

及其数值解。在文献[113]中，Rogers 和 Lance 考虑了 Schlichting 问题，并指出当无穷远处流体与圆盘的旋转方向相同时，物理解在任何情况下都是存在的；当流体与圆盘旋转方向相反时，物理解当且仅当有一个均匀的吸力作用在圆盘上的时候才存在。然而对于物理解至今还没有一个很好的答案，这一节拟采用同伦重正化方法给出相应的物理解[17.23]。

2. Schlichting 问题的大范围渐近解

首先，给出问题(4.4.14)的同伦方程组

$$\begin{cases} F'' + F = _\epsilon (F^2 - G^2 + HF' + F + \kappa) \\ G'' + G = _\epsilon (2FG + HG' + G) \\ H' = - 2_\epsilon F \end{cases} \tag{4.4.15}$$

其中，ϵ 是一个小参数。事实上，P 可由 H 直接积分求得，所以不必给出问题(4.4.14)中第 4 个方程的同伦方程。接下来分别进行 F、G 和 H 关于 ϵ 的微扰展开

$$\begin{cases} F(\eta) = F_0(\eta) + _\epsilon F_1(\eta) + \epsilon^2 F_2(\eta) + \cdots \\ G(\eta) = G_0(\eta) + _\epsilon G_1(\eta) + \epsilon^2 G_2(\eta) + \cdots \\ H(\eta) = H_0(\eta) + _\epsilon H_1(\eta) + \epsilon^2 H_2(\eta) + \cdots \end{cases} \tag{4.4.16}$$

将方程组(4.4.16)代入同伦方程组(4.4.15)，可得

$$(F''_0 + {}_\epsilon F''_1 + \cdots) + (F_0 + {}_\epsilon F_1 + \cdots) = {}_\epsilon ((F_0 + {}_\epsilon F_1 + \cdots)^2 - (G_0 + {}_\epsilon G_1 + \cdots)^2 +$$
$$(H_0 + {}_\epsilon H_1 + \cdots)(F_0 + {}_\epsilon F_1 + \cdots)' + (F_0 + {}_\epsilon F_1 + \cdots) + \kappa)$$

和

$$(G''_0 + {}_\epsilon G''_1 + \cdots) + (G_0 + {}_\epsilon G_1 + \cdots) = {}_\epsilon (2(F_0 + {}_\epsilon F_1 + \cdots)(G_0 + {}_\epsilon G_1 + \cdots) +$$
$$(H_0 + {}_\epsilon H_1 + \cdots)(G'_0 + {}_\epsilon G'_1 + \cdots) + (G_0 + {}_\epsilon G_1 + \cdots) + \kappa)$$

以及

$$(H'_0 + {}_\epsilon H'_1 + \cdots) = -2_\epsilon (F_0 + {}_\epsilon F_1 + \cdots)$$

$_\epsilon$ 取零阶时可得

$$\begin{cases} F''_0 + F_0 = 0 \\ G''_0 + G_0 = 0 \\ H'_0 = 0 \end{cases} \tag{4.4.17}$$

$_\epsilon$ 取一阶时有

$$\begin{cases} F''_1 + F_1 = F_0^2 - G_0^2 + H_0 F'_0 + \kappa + F_0 \\ G''_1 + G_1 = 2F_0 G_0 + H_0 G'_0 + G_0 \\ H'_1 = -2F_0 \end{cases} \tag{4.4.18}$$

解上面方程组可得

$$\begin{cases} F_0(\eta) = a_1 \sin(\eta + \varphi_1) \\ G_0(\eta) = a_2 \sin(\eta + \varphi_2) \\ H_0(\eta) = C \end{cases} \tag{4.4.19}$$

将结果代入方程组(4.4.17)可得

$$F_1(\eta) = \frac{a_1^2}{6}\cos(2\eta + 2\varphi_1) - \frac{a_2^2}{6}\cos(2\eta + 2\varphi_2) + \frac{Ca_1}{2}(\eta - \eta_0)\sin(\eta + \varphi_1) -$$

$$\frac{a_1}{2}(\eta - \eta_0)\cos(\eta + \varphi_1) + \frac{a_1^2}{2} - \frac{a_2^2}{2} + \kappa$$

$$\tag{4.4.20}$$

$$G_1(\eta) = a_1 a_2 \cos(\varphi_1 - \varphi_2) + \frac{a_1 a_2}{3}\cos(2\eta + \varphi_1 + \varphi_2) + \frac{Ca_2}{2}(\eta - \eta_0)\sin(\eta + \varphi_2) -$$

$$\frac{a_2}{2}(\eta - \eta_0)\cos(\eta + \varphi_2) \tag{4.4.21}$$

$$H_1(\eta) = 2a_1 \cos(\eta + \varphi_1) + C_1 \tag{4.4.22}$$

将式(4.4.19)、(4.4.20)代入方程组(4.4.16)的第一个式子中,从而 F 在微扰论第一阶为

$$F(\eta, \eta_0) = a_1 \sin(\eta + \varphi_1) + \epsilon\left[\frac{a_1^2}{6}\cos(2\eta + 2\varphi_1) - \frac{a_2^2}{6}\cos(2\eta + 2\varphi_2) + \right.$$

$$\frac{Ca_1}{2}(\eta - \eta_0)\sin(\eta + \varphi_1) - \frac{a_1}{2}(\eta - \eta_0)\cos(\eta + \varphi_1) +$$

$$\left.\frac{a_1^2}{2} - \frac{a_2^2}{2} + \kappa\right] + O(\epsilon^2) \tag{4.4.23}$$

容易看出,当 $\eta \to \infty$ 时,$(\eta - \eta_0)\sin(\eta + \varphi_1) \to \infty$ 并且 $(\eta - \eta_0)\cos(\eta + \varphi_1) \to \infty$,从而 F 也将趋于 ∞。由此发现 F 在微扰论的第一阶即发散了,所以接下来要对其进行重正化。根据 HTR 方法,首先将式(4.4.23)在 η_0 点处进行泰勒展开

$$F(\eta, \eta_0) = \sum_{n=0}^{+\infty} X_n(\eta_0, \epsilon)(\eta - \eta_0)^n$$

$$= \left[a_1 \sin(\eta_0 + \varphi_1) + \frac{\epsilon a_1^2}{6}\cos(2\eta_0 + 2\varphi_1) - \frac{\epsilon a_2^2}{6}\cos(2\eta_0 + 2\varphi_2) + \right.$$

$$\left.\epsilon\left(\frac{a_1^2}{2} - \frac{a_2^2}{2} + \kappa\right)\right] + \left[a_1 \cos(\eta_0 + \varphi_1) - \frac{\epsilon a_1^2}{3}\sin(2\eta_0 + 2\varphi_1) + \right.$$

$$\frac{\epsilon a_2^2}{3}\sin(2\eta_0 + 2\varphi_2) + \frac{\epsilon Ca_1}{2}\sin(\eta_0 + \varphi_1) -$$

$$\left.\frac{\epsilon a_1}{2}\cos(\eta_0 + \varphi_1)\right](\eta - \eta_0) + O((\eta - \eta_0)^2) \tag{4.4.24}$$

其中，a_1、a_2、φ_1、φ_2 不能由 F 在无穷远处的信息得到，也就是说其在无穷远处是不可观测量，场论中将其称为裸量。其中 a_1、a_2 是裸振幅，φ_1、φ_2 是裸相位。接下来重点就是要对裸量做重正化。需要指出的是，a_1、a_2、φ_1、φ_2 的值并不需要用初始条件来确定，最后才需要考虑初始条件。令重正化量 a_1、a_2、φ_1 和 φ_2 均为 η_0 的函数，即 $a_1(\eta_0)$、$a_2(\eta_0)$、$\varphi_1(\eta_0)$ 以及 $\varphi_2(\eta_0)$。不失一般性，为讨论方便，令 $\varphi_1 = \varphi_2$，取 $\epsilon = 1$，可得重正化方程

$$
\frac{\partial}{\partial \eta_0}\left(a_1\sin(\eta_0+\varphi_1)+\frac{a_1^2}{6}\cos(2\eta_0+2\varphi_1)-\frac{a_2^2}{6}\cos(2\eta_0+2\varphi_2)+\left(\frac{a_1^2}{2}-\frac{a_2^2}{2}+\kappa\right)\right)
$$

$$
= a_1\cos(\eta_0+\varphi_1)-\frac{a_1^2}{3}\sin(2\eta_0+2\varphi_1)+\frac{a_2^2}{3}\sin(2\eta_0+2\varphi_2)+\frac{Ca_1}{2}\sin(\eta_0+\varphi_1)-
$$

$$
\frac{a_1}{2}\cos(\eta_0+\varphi_1) \tag{4.4.25}
$$

整理之后的重正化方程为

$$
a_1'\sin(\eta_0+\varphi_1)+a_1\cos(\eta_0+\varphi_1)\varphi_1'+\frac{a_1a_1'}{3}\cos(2\eta_0+2\varphi_1)-
$$

$$
\frac{a_1^2}{3}\sin(2\eta_0+2\varphi_1)\varphi_1'-\frac{a_2a_2'}{3}\cos(2\eta_0+2\varphi_2)+
$$

$$
\frac{a_2^2}{3}\sin(2\eta_0+2\varphi_2)\varphi_2'n+a_1a_1'-a_2a_2'
$$

$$
= \frac{Ca_1}{2}\sin(\eta_0+\varphi_1)-\frac{a_1}{2}\cos(\eta_0+\varphi_1) \tag{4.4.26}
$$

鉴于第 1 章中对 HTR 方法的讨论，约去式（4.4.26）中的 $\frac{a_1a_1'}{3}\cos(2\eta_0+2\varphi_1)$、$-\frac{a_1^2}{3}\sin(2\eta_0+2\varphi_1)\varphi_1'$、$-\frac{a_2a_2'}{3}\cos(2\eta_0+2\varphi_2)$、$\frac{a_2^2}{3}\sin(2\eta_0+2\varphi_2)\varphi_2'$、$(a_1a_1'-a_2a_2')$，进而得到两个封闭的方程

$$
a_1' = \frac{Ca_1}{2}
$$

$$a_1 \varphi_1' = -\frac{a_1}{2}$$

解之易得

$$a_1(\eta) = A e^{\frac{c}{2}\eta}$$

$$\varphi_1(\eta) = -\frac{1}{2}\eta + \bar{\varphi} \tag{4.4.27}$$

接下来将式(4.4.19)、(4.4.21)代入方程组(4.4.16)的第二个式子中,从而 G 在微扰论第一阶为

$$G(\eta, \eta_0) = a_2 \sin(\eta + \varphi_2) + \epsilon \left(a_1 a_2 \cos(\varphi_1 - \varphi_2) + \frac{a_1 a_2}{3}\cos(2\eta + \varphi_1 + \varphi_2) + \right.$$

$$\left. \frac{Ca_2}{2}(\eta - \eta_0)\sin(\eta + \varphi_2) - \frac{a_2}{2}(\eta - \eta_0)\cos(\eta + \varphi_2) \right) + O(\epsilon^2) \tag{4.4.28}$$

将 G 在点 η_0 处进行泰勒展开

$$G(\eta, \eta_0) = \sum_{n=0}^{+\infty} Y_n(\eta_0, \epsilon)(\eta - \eta_0)^n$$

$$= \left(a_2 \sin(\eta_0 + \varphi_2) + \epsilon a_1 a_2 \cos(\varphi_1 - \varphi_2) + \frac{\epsilon a_1 a_2}{3}\cos(2\eta_0 + \varphi_1 + \varphi_2) \right) +$$

$$\left(a_2 \cos(\eta_0 + \varphi_2) - \frac{2\epsilon a_1 a_2}{3}\sin(2\eta_0 + \varphi_1 + \varphi_2) + \frac{\epsilon Ca_2}{2}\sin(\eta_0 + \varphi_2) - \right.$$

$$\left. \frac{\epsilon a_2}{2}\cos(\eta_0 + \varphi_2) \right)(\eta - \eta_0) + O((\eta - \eta_0)^2) \tag{4.4.29}$$

为方便起见,直接给出约化的重正化方程

$$a_2' \sin(\eta_0 + \varphi_2) + a_2 \cos(\eta_0 + \varphi_2)\varphi_2' = -\frac{a_2}{2}\cos(\eta_0 + \varphi_2) + \frac{Ca_2}{2}\sin(\eta_0 + \varphi_2) \tag{4.4.30}$$

从重正化方程得到如下两个封闭方程:

$$a'_2 = \frac{Ca_2}{2}$$

$$\varphi'_2 = -\frac{1}{2}$$

解之得

$$
\begin{cases}
a_2(\eta) = Be^{\frac{c}{2}\eta} \\
\varphi_2(\eta) = -\frac{1}{2}\eta + \bar{\varphi}
\end{cases}
\tag{4.4.31}
$$

根据 TR 方法，可以得到 F 和 G 的解

$$F(\eta) = X_0(\eta,1)$$

$$G(\eta) = Y_0(\eta,1)$$

也就是

$$F(\eta) = Ae^{\frac{c}{2}\eta}\sin\left(\frac{\eta}{2}+\bar{\varphi}\right) + \frac{1}{6}(A^2-B^2)e^{C\eta}\cos(\eta+2\bar{\varphi}) +$$

$$\frac{1}{2}(A^2-B^2)e^{C\eta} + \kappa + O(1) \tag{4.4.32}$$

$$G(\eta) = Be^{\frac{c}{2}\eta}\sin\left(\frac{\eta}{2}+\bar{\varphi}\right) + ABe^{C\eta} + \frac{1}{3}ABe^{C\eta}\cos(\eta+2\bar{\varphi}) + O(1)$$

$$\tag{4.4.33}$$

其中，A、B、C、C_1、$\bar{\varphi}$ 都是任意常数。为了保证解在无穷远处的收敛性，令 $C<0$。将式(4.4.27)代入式(4.4.22)，然后将方程组(4.4.19)的第三个式子和式(4.4.22)代入方程组(4.4.16)的第三个式子中并令 $\epsilon=1$，则 H 的解为

$$H(\eta) = 2Ae^{\frac{c}{2}\eta}\cos\left(\frac{\eta}{2}+\bar{\varphi}\right) + O(1) \tag{4.4.34}$$

需要指出的是，P 可由 H 直接积分而得，所以为了避免长期项的影响，取 $C_1 = -C$。最后，对方程组(4.4.14)的第四个式子积分可得

$$P(\eta) = \int H\mathrm{d}\eta + \frac{H^2}{2} \tag{4.4.35}$$

其中

$$\int H\mathrm{d}\eta = \frac{4A}{C}\int \cos\left(\frac{\eta}{2}+\bar{\varphi}\right)\mathrm{d}e^{\frac{C}{2}\eta}$$

$$= \frac{4A}{C}\cos\left(\frac{\eta}{2}+\bar{\varphi}\right)e^{\frac{C}{2}\eta} - \frac{4A}{C}\int e^{\frac{C}{2}\eta}\mathrm{d}\cos\left(\frac{\eta}{2}+\bar{\varphi}\right)$$

$$= \frac{4A}{C}\cos\left(\frac{\eta}{2}+\bar{\varphi}\right)e^{\frac{C}{2}\eta} + \frac{4A}{C^2}\int \sin\left(\frac{\eta}{2}+\bar{\varphi}\right)\mathrm{d}e^{\frac{C}{2}\eta}$$

$$= \frac{4A}{C}\cos\left(\frac{\eta}{2}+\bar{\varphi}\right)e^{\frac{C}{2}\eta} + \frac{4A}{C^2}e^{\frac{C}{2}\eta}\sin\left(\frac{\eta}{2}+\bar{\varphi}\right) - \frac{2A}{C^2}\int e^{\frac{C}{2}\eta}\cos\left(\frac{\eta}{2}+\bar{\varphi}\right)\mathrm{d}\eta$$

可得

$$\int H\mathrm{d}\eta = \frac{4AC}{1+C^2}e^{\frac{C}{2}\eta}\left[\cos\left(\frac{\eta}{2}+\bar{\varphi}\right) + \frac{1}{C}\sin\left(\frac{\eta}{2}+\bar{\varphi}\right)\right]$$

进而得到 P 的解

$$P(\eta) = \frac{4AC}{1+C^2}e^{\frac{C}{2}\eta}\left[\cos\left(\frac{\eta}{2}+\bar{\varphi}\right) + \frac{1}{C}\sin\left(\frac{\eta}{2}+\bar{\varphi}\right)\right] - 2A^2 e^{C\eta}\cos^2\left(\frac{\eta}{2}+\bar{\varphi}\right) + O(1)$$

$$(4.4.36)$$

在这一节中，利用 HTR 方法不需考虑长期项便获得了 Schlichting 问题的大范围渐近解。

4.4.2 高雷诺数下无穷大旋转圆盘边界层问题的大范围渐近解

1. 问题介绍

这一小节处理高雷诺数下无穷大旋转圆盘边界层问题。在高雷诺数情况下流体黏性很小，所以黏性力只在圆盘附近起作用。此时，根据边界层理论，并采用相应的无量纲量[24]，得到以下方程：

$$\begin{cases} f^{(4)} = 2hh' + 2ff''' \\ h'' = 2h'f - 2hf' \end{cases} \qquad (4.4.37)$$

其中，h 表示流体温度，f 表示边界层厚度。

Rasmussen 用匹配级数法给出了该问题的解析解。这一部分拟给出它的大范围渐近解，并通过不同参数下函数图像分析解的周期性和渐近性[17]。

2. 大范围渐近解

首先给出同伦方程组如下：

$$
\begin{cases}
f^{(4)} + f'' = \epsilon(2hh' + 2ff' + f'') \\
h'' + h' = \epsilon(2h'f - 2hf' + h')
\end{cases}
\tag{4.4.38}
$$

接下来对 f 和 h 分别进行微扰展开

$$
\begin{cases}
f = f_0 + \epsilon f_1 + \epsilon^2 f_2 + \cdots \\
h = h_0 + \epsilon h_1 + \epsilon^2 h_2 + \cdots
\end{cases}
\tag{4.4.39}
$$

将微扰展开式代入同伦方程组可得

$$
\begin{cases}
f_0^{(4)} + f_0'' = 0 \\
h_0'' + h_0' = 0
\end{cases}
\tag{4.4.40}
$$

$$
\begin{cases}
f_1^{(4)} + f_1'' = 2h_0 h_0' + 2ff_0' + f_0'' \\
h_1'' + h_1' = 2h_0' f_0 - 2h_0 f_0' + h_0'
\end{cases}
\tag{4.4.41}
$$

求解方程组(4.4.40)易得

$$
f_0 = a_1 \sin(\eta + \varphi) + b_1
\tag{4.4.42}
$$

$$
h_0 = a_2 \mathrm{e}^{-\eta} + b_2
\tag{4.4.43}
$$

将式(4.4.42)、式(4.4.43)代入方程组(4.4.41)可得

$$
f_1 = -\frac{a_2^2}{10}\mathrm{e}^{-2\eta} - a_2 b_2 \mathrm{e}^{-\eta} + \frac{a_1^2}{12}\sin(2\eta + 2\varphi) - a_1 b_1(\eta - \eta_0)\sin(\eta + \varphi) -
$$

$$
2a_1 b_1 \cos(\eta + \varphi) - \frac{a_1}{2}(\eta - \eta_0)\cos(\eta + \varphi) + a_1 \sin(\eta + \varphi)
$$

$$
\tag{4.4.44}
$$

和

$$h_1 = 2a_1 a_2 e^{-\eta} \sin(\eta + \varphi) + a_1 b_2 (\cos(\eta + \varphi) - \sin(\eta + \varphi)) +$$

$$(2a_2 b_1 + a_2)(\eta - \eta_0) e^{-\eta} + (2a_2 b_1 + a_2) e^{-\eta}$$

$$(4.4.45)$$

将式(4.4.42)~(4.4.45)代入方程组(4.4.39)可得

$$f = a_1 \sin(\eta + \varphi) + b_1 + \epsilon \Big(-\frac{a_2^2}{10} e^{-2\eta} - a_2 b_2 e^{-\eta} + \frac{a_1^2}{12} \sin(2\eta + 2\varphi) -$$

$$a_1 b_1 (\eta - \eta_0) \sin(\eta + \varphi) - 2a_1 b_1 \cos(\eta + \varphi) -$$

$$\frac{a_1}{2}(\eta - \eta_0) \cos(\eta + \varphi) + a_1 \sin(\eta + \varphi) \Big) + O(\epsilon^2)$$

$$(4.4.46)$$

和

$$h = a_2 e^{-\eta} + b_2 + \epsilon \big(2a_1 a_2 e^{-\eta} \sin(\eta + \varphi) + a_1 b_2 (\cos(\eta + \varphi) - \sin(\eta + \varphi)) +$$

$$(2a_2 b_1 + a_2)(\eta - \eta_0) e^{-\eta} + (2a_2 b_1 + a_2) e^{-\eta} \} + O(\epsilon^2) \quad (4.4.47)$$

取 $\epsilon = 1$,将式(4.4.46)在点 η_0 处展开成泰勒级数

$$f(\eta, \eta_0) = \sum_{n=0}^{+\infty} X_n(\eta_0, \epsilon)(\eta - \eta_0)^n$$

$$= a_1 \sin(\eta_0 + \varphi) + b_1 + \epsilon \Big[-\frac{a_2^2}{10} e^{-2\eta_0} - a_2 b_2 e^{-\eta_0} - \frac{a_1^2}{12} \sin(2\eta_0 + 2\varphi) -$$

$$2a_1 b_1 \cos(\eta_0 + \varphi) + a_1 \sin(\eta_0 + \varphi) \Big] + (\eta - \eta_0) \Big[a_1 \cos(\eta_0 + \varphi) -$$

$$\epsilon a_1 b_1 \sin(\eta_0 + \varphi) - \frac{\epsilon a_1}{2} \cos(\eta_0 + \varphi) + \epsilon \frac{a_2^2}{5} e^{-2\eta_0} + \epsilon a_2 b_2 e^{-\eta_0} +$$

$$\frac{\epsilon a_1^2}{6} \cos(2\eta_0 + 2\varphi) + \epsilon a_1 \cos(\eta_0 + \varphi) \Big] + O((\eta - \eta_0^2)) \quad (4.4.48)$$

根据 TR 方法,令 a_1、a_2、b_1、b_2、φ_1 和 φ_2 都是 η_0 的函数,即 $a_1 = a_1(\eta_0)$、$a_2 = a_2(\eta_0)$、$b_1 = b_1(\eta_0)$、$b_2 = b_2(\eta_0)$ 及 $\varphi = \varphi(\eta_0)$。由此可得重正化方程为

$$\frac{\partial}{\partial \eta_0}(2a_1\sin(\eta_0+\varphi)+b_1-\frac{a_2^2}{10}e^{-2\eta_0}-a_2b_2e^{-\eta_0}-\frac{a_1^2}{12}\sin(2\eta_0+2\varphi)-$$

$$2a_1b_1\cos(\eta_0+\varphi))$$

$$=-a_1b_1\sin(\eta_0+\varphi)+\frac{a_1}{2}\cos(\eta_0+\varphi)+\frac{a_2^2}{5}e^{-2\eta_0}+a_2b_2e^{-\eta_0}+$$

$$\frac{a_1^2}{6}\cos(2\eta_0+2\varphi) \tag{4.4.49}$$

整理得

$$2a_1'\sin(\eta_0+\varphi)+b_1'+2a_1\varphi'\cos(\eta_0+\varphi)-2a_1'b_1\cos(\eta_0+\varphi)+$$

$$2a_1b_1\varphi'\sin(\eta_0+\varphi)-\left(\frac{2a_2a_2'}{5}-\frac{a_2^2}{5}\right)e^{-2\eta_0}-(a_2'b_2+a_2b_2'-a_2b_2)e^{-\eta_0}-$$

$$\frac{a_1^2}{6}\varphi'\cos(\eta_0+\varphi)-\frac{a_2a_2'}{6}\sin(\eta_0+\varphi)$$

$$=-a_1b_1\sin(\eta_0+\varphi)+\frac{a_1}{2}\cos(\eta_0+\varphi)+\frac{a_2^2}{5}e^{-2\eta_0}+a_2b_2e^{-\eta_0}+\frac{a_1^2}{6}\sin(2\eta_0+2\varphi)$$

$$\tag{4.4.50}$$

由 TR 方法的讨论，可以忽略上式当中的一些无关项，如 $\left(\frac{2a_2a_2'}{5}-\frac{a_2^2}{5}\right)\cdot e^{-2\eta_0}$，$(a_2'b_2+a_2b_2'-a_2b_2)e^{-\eta_0}$ 等。由此得到 3 个封闭的方程：

$$b_1'=0 \tag{4.4.51}$$

$$2a_1'+2a_1b_1\varphi'=-a_1b_1 \tag{4.4.52}$$

$$2a_1\varphi'-2a_1'b_1=-\frac{a_1}{2} \tag{4.4.53}$$

解方程(4.4.51)～(4.4.53)可得

$$b_1=b \tag{4.4.54}$$

$$a_1=Ae^{-\frac{b\eta_0}{4(1+b^2)}} \tag{4.4.55}$$

$$\varphi=-\frac{1+2b^2}{4(1+b^2)}\eta_0+\bar{\varphi} \tag{4.4.56}$$

其中，b 和 A 是任意常数。

下面求解 G。首先，将式(4.4.47)在点 η_0 处展开成泰勒级数

$$G(\eta,\eta_0) = \sum_{n=0}^{+\infty} Y_n(\eta_0,\epsilon)(\eta-\eta_0)^n$$

$$= a_2 e^{-\eta_0} + b_2 + \epsilon(2a_1 a_2 e^{-\eta_0}\sin(\eta_0+\varphi) + a_1 b_2(\cos(\eta_0+\varphi) - \sin(\eta_0+\varphi)) +$$

$$(2a_2 b_1 + a_2)e^{-\eta_0}) + (\eta-\eta_0)(-a_2 e^{-\eta_0} - \epsilon(2a_2 b_1 + a_2)e^{-\eta_0} +$$

$$\epsilon 2a_1 a_2 e^{-\eta_0}(\cos(\eta_0+\varphi) - \sin(\eta_0+\varphi)) - \epsilon a_1 b_2(\cos(\eta_0+\varphi) +$$

$$\sin(\eta_0+\varphi)) - \epsilon(2a_2 b_1 + a_2)e^{-\eta_0}) + O((\eta-\eta_0)^2)$$

$$(4.4.57)$$

取 $\epsilon=1$，重正化方程如下：

$$2a_2'(1+b_1)e^{-\eta_0} + b_2' + 2(a_1 a_2)' e^{-\eta_0}\sin(\eta_0+\varphi) + 2a_1 a_2 e^{-\eta_0}\cos(\eta_0+\varphi)\varphi' +$$

$$(a_1 b_2)'(\cos(\eta_0+\varphi) - \sin(\eta_0+\varphi)) - a_1 b_2(\cos(\eta_0+\varphi) + \sin(\eta_0+\varphi))\varphi'$$

$$= (2a_2 b_1 + a_2)e^{-\eta_0} \qquad (4.4.58)$$

省略 $(a_1 b_2)'(\cos(\eta_0+\varphi) - \sin(\eta_0+\varphi))$，$a_1 b_2(\cos(\eta_0+\varphi) + \sin(\eta_0+\varphi))\varphi'$，得到如下两个封闭的方程：

$$b_2' + (2a_1 a_2)' e^{-\eta_0}\sin(\eta_0+\varphi) + 2a_1 a_2 e^{-\eta_0}\cos(\eta_0+\varphi)\varphi' = 0 \qquad (4.4.59)$$

$$2a_2'(1+b_1) = (2b_1+1)a_2 \qquad (4.4.60)$$

解上面两个封闭的方程可得

$$a_2 = Be^{\frac{2b+1}{2b+2}\eta_0} \qquad (4.4.61)$$

和

$$b_2 = -\frac{2ABk_1}{1+(k_1-1)^2}e^{(k_1-1)\eta}((k_1-1)\sin(\eta_0+\varphi) - \cos(\eta_0+\varphi)) +$$

$$\frac{2ABk_2}{(k_1-1)^2+1}e^{(k_1-1)\eta}((k_1-1)\cos(\eta_0+\varphi) + \sin(\eta_0+\varphi)) \qquad (4.4.62)$$

其中，B 是任意常数，$k_1 = \dfrac{4b^3+b^2+3b+2}{4(1+b^2)(1+b)}$，$k_2 = \dfrac{1+2b^2}{4(1+b^2)}$。可得式(4.4.37)

的大范围渐近解

$$f(\eta) = 2A e^{-\frac{b\eta}{4(1+b^2)}} \sin\left(\frac{3+b^2}{4(b^2+1)}\eta + \bar{\varphi}\right) - 2Ab e^{-\frac{b\eta}{4(1+b^2)}} \cos\left(\frac{3+b^2}{4(b^2+1)}\eta + \bar{\varphi}\right) -$$

$$\frac{B^2}{10} e^{-\frac{1}{b+1}\eta} - Bb_2 e^{-\frac{1}{2(b+1)}\eta} - \frac{A^2}{12} e^{-\frac{b}{2b^2+2}\eta} \sin\left(\frac{3+b^2}{2(b^2+1)}\eta + 2\bar{\varphi}\right) + b$$

$$(4.4.63)$$

和

$$h(\eta) = (2+2b)B e^{-\frac{1}{b+1}\eta} + b_2 + 2AB e^{(k_1 - 1)\eta} \sin\left(\frac{3+b^2}{4(b^2+1)}\eta + \bar{\varphi}\right) +$$

$$Ab_2 e^{-\frac{b\eta}{4(1+b^2)}} \left(\cos\left(\frac{3+b^2}{4(b^2+1)}\eta + \bar{\varphi}\right) - \sin\left(\frac{3+b^2}{4(b^2+1)}\eta + \bar{\varphi}\right)\right)$$

$$(4.4.64)$$

其中,$b>0$, b_2 由式(4.4.62)给出。容易看出根本无需考虑式(4.4.46)和式(4.4.47)的长期项,便可由 HTR 方法给出方程(4.4.37)的大范围渐近解。

3. 物理解释

接下来,给出式(4.4.63)和式(4.4.64)在不同参数下对应的图像,如图 4.4.1~图 4.4.4 所示。

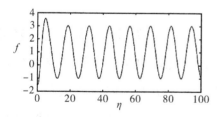 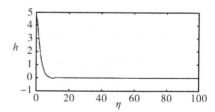

图 4.4.1　$b=1$, $\bar{\varphi}=1$, $A=1$, $B=1$

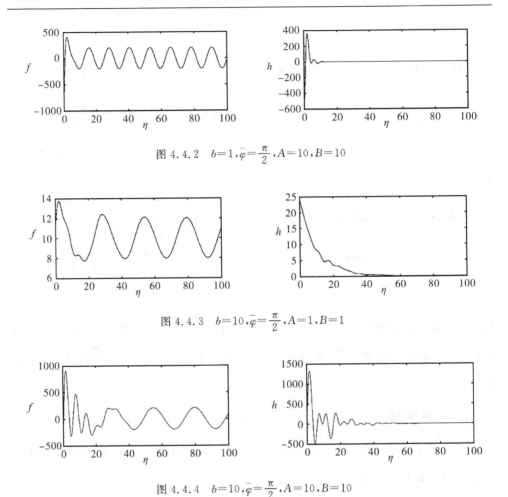

图 4.4.2 $b=1, \bar{\varphi}=\dfrac{\pi}{2}, A=10, B=10$

图 4.4.3 $b=10, \bar{\varphi}=\dfrac{\pi}{2}, A=1, B=1$

图 4.4.4 $b=10, \bar{\varphi}=\dfrac{\pi}{2}, A=10, B=10$

　　从不同参数下 f 和 h 的图像可知，f 近似一个伪周期函数，这就表明，在本节所选取的参数情况下，边界层厚度的变化趋势类似于周期函数（边界层厚度与 $(f')^2$ 成正比）。并且，由于 f 当 η 趋于无穷大时的极限是 b，所以边界层厚度最终变为 0。而 h 当 η 趋于无穷大时迅速衰减到 0，这就表明温度分布随着时间的变化最终趋向于平衡分布，并且这个过程所需要的时间非常短。

4.4.3　修正冯·卡门问题的大范围近似解析解

1. 问题介绍

冯·卡门(Von Kármán)考虑了黏性流体中两块无限大圆盘绕自身轴线同向运动的边界层问题。通过一系列复杂的相似变换，即可得到著名的冯·卡门方程。虽然相对于 Navier-Storkes 方程，冯·卡门方程已经进行了相当程度的简化，但是仍然很难处理。1986 年，Lai 等人对冯·卡门问题进行了简化，只考虑其中一个圆盘转动，另外一个圆盘处于静止的状态[25]。冯·卡门方程简化成如下形式：

$$\begin{cases} \dfrac{\mathrm{d}^3 H}{\mathrm{d}z^3} - H\dfrac{\mathrm{d}^2 H}{\mathrm{d}z^2} + \dfrac{1}{2}\left(\dfrac{\mathrm{d}H}{\mathrm{d}z}\right)^2 - 2G^2 + 2s^2 = 0 \\ \dfrac{\mathrm{d}^2 G}{\mathrm{d}z^2} - H\dfrac{\mathrm{d}G}{\mathrm{d}z} + G\dfrac{\mathrm{d}H}{\mathrm{d}z} = 0 \end{cases} \tag{4.4.65}$$

其中，H 表示流体温度，G 表示边界层厚度。其边界条件为

$$H(0) = 0, H'(0) = 0, G'(0) = 1$$

由于方程组中速度比 s 的出现，为使问题更直接，Rogers 等人在边界条件外又添加了如下条件[113]：

$$H'(\infty) \to 0, G(\infty) \to 1$$

由于具有广泛的应用背景，冯·卡门问题一直是流体力学中学者们研究的焦点，许多关于方程组(4.4.65)的数值解的研究成果[114,115]对人们进一步研究冯·卡门问题提供了有效的参考。

接下来将利用 HTR 方法得到修正冯·卡门问题的大范围渐近解，并给出其与数值解的分析比对[17,26]。

2. 修正冯·卡门问题的大范围渐近解

首先给出方程组(4.4.65)的同伦方程组如下：

$$
\begin{cases}
H' - \left(\dfrac{\lambda}{\eta} - \delta\right)H = \varepsilon\left(H' - \left(\dfrac{\lambda}{\eta} - \delta\right)H + H''' - HH'' + \dfrac{1}{2}(H')^2 - 2G^2 + 2s\right) \\[3mm]
G' + 4\alpha(\eta - \beta)^3 G - 4\alpha(\eta - \beta)^3\left(-\dfrac{\gamma\eta}{\eta + 1} + s - 1\right) + \dfrac{\gamma}{(\eta + 1)^2} = \\[3mm]
\quad \varepsilon\bigg[G' + 4\alpha\,(\eta - \beta)^3 G - 4\alpha\,(\eta - \beta)^3\left(-\dfrac{\gamma\eta}{\eta + 1} + s - 1\right) + \dfrac{\gamma}{(\eta + 1)^2} + \\[3mm]
\quad G'' - HG' + GH'\bigg]
\end{cases}
$$

$$(4.4.66)$$

其中，λ、α、β、γ 都是待定常数。接下来对 H 和 G 分别进行微扰展开

$$
\begin{cases}
H(\eta) = H_0(\eta) + \epsilon H_1(\eta) + \epsilon^2 H_2(\eta) + \cdots \\
G(\eta) = G_0(\eta) + \epsilon G_1(\eta) + \epsilon^2 G_2(\eta) + \cdots
\end{cases} \tag{4.4.67}
$$

将式(4.4.67)代入方程组(4.4.66)，可得

$$
H_0' - \left(\frac{\lambda}{\eta} - \delta\right)H_0 = 0 \tag{4.4.68}
$$

$$
G_0' + 4\alpha\,(\eta - \beta)^3 G_0 - 4\alpha\,(\eta - \beta)^3\left(-\frac{\gamma\eta}{\eta + 1} + s - 1\right) + \frac{\gamma}{(\eta + 1)^2} = 0
$$

$$(4.4.69)$$

$$
H_1' - \left(\frac{\lambda}{\eta} - \delta\right)H_1 = H_0''' - H_0 H_0'' + \frac{1}{2}(H_0')^2 - 2G_0^2 + 2s \tag{4.4.70}
$$

$$
G_1' + 4\alpha\,(\eta - \beta)^3 G_1 = G_0'' - H_0 G_0' + G_0 H_0' \tag{4.4.71}
$$

解方程(4.4.68)和(4.4.69)易得

$$
H_0 = A\eta^\lambda e^{-\delta\eta} \tag{4.4.72}
$$

$$
G_0 = 1 - s + Be^{-\alpha(\eta - \beta)^4} + \frac{\gamma\eta}{\eta + 1} \tag{4.4.73}
$$

其中，A 和 B 是积分常数。将 H_0 和 G_0 代入方程(4.4.70)和(4.4.71)，可得

$$H_1 = \left(H_0''' - H_0 H_0'' + \frac{1}{2}(H_0')^2 - 2G_0^2 + 2s \right)(\eta - \eta_0) \quad (4.4.74)$$

$$G_1 = (G_0'' - H_0 G_0' + G_0 H_0')(\eta - \eta_0) \quad (4.4.75)$$

令 $\varepsilon = 1$，将方程(4.4.72)～(4.4.75)代入(4.4.67)微扰展开式，并在 η_0 点对 H 和 G 进行泰勒展开

$$H = A\eta_0^\lambda e^{-\delta\eta_0} + (-A\delta^3 \eta_0^\lambda e^{-\delta\eta_0})(\eta - \eta_0) + O((\eta - \eta_0)^2) \quad (4.4.76)$$

$$G = Be^{-\alpha(\eta_0 - \beta)^4} + \frac{(\gamma - s + 1)\eta_0 + 1 - s}{\eta_0 + 1} + (-16\alpha^2\beta^3 B(\eta_0 - \beta)^3 e^{-\alpha(\eta_0 - \beta)^4})(\eta - \eta_0) +$$

$$O((\eta - \eta_0)^2) \quad (4.4.77)$$

根据 TR 方法，令 A、B 是 η_0 的函数，即 $A = A(\eta_0)$、$B = B(\eta_0)$。由此可得重正化方程组

$$A'\eta^\lambda e^{-\delta\eta} = -A\delta^3 \eta^\lambda e^{-\delta\eta} \quad (4.4.78)$$

$$B'e^{-\alpha(\eta - \beta)^4} = -16\alpha^2\beta^3 B(\eta_0 - \beta)^3 e^{-\alpha(\eta_0 - \beta)^4} \quad (4.4.79)$$

解重正化方程组可得

$$A(\eta) = \overline{A}e^{(\delta - \delta^3)\eta} \quad (4.4.80)$$

$$B(\eta) = \overline{B}e^{-4\alpha^2\beta^3(\eta - \beta)^4} \quad (4.4.81)$$

其中，$\overline{A}$ 和 $\overline{B}$ 是积分常数。因此，方程组(4.4.65)的大范围渐近解为

$$H = \overline{A}e^{-\delta^3\eta} \quad (4.4.82)$$

$$G = \overline{B}e^{-\alpha_0(\eta - \beta)^4} - \frac{\gamma}{\eta + 1} + \gamma - s + 1 \quad (4.4.83)$$

其中，$\alpha_0 = -\alpha - 4\alpha^2\beta^3$。

3. 解的数值分析

给出几组不同参数下修正冯·卡门问题的大范围渐近解与相应数值解图像的比较图。在图 4.4.5 和图 4.4.6 中，实线是方程的数值解图像，而虚

线是本节得到的大范围渐近解图像。表 4.4.1 和表 4.4.2 分别是 η 和 G 在 $s=-0.01$ 和 $s=0.01$ 时的几组误差分析情况。

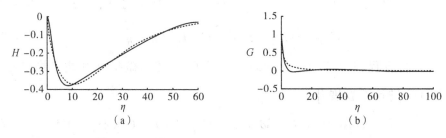

（a）   （b）

图 4.4.5 $s=-0.01,\bar{A}=0.1266,\bar{B}=-0.0271,\lambda=0.7887,\alpha_0=1,\beta=-1,\gamma=-1.01,\delta=0.4206$

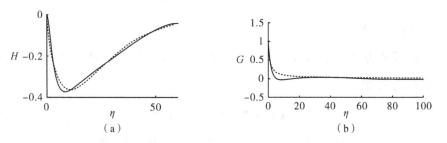

（a）   （b）

图 4.4.6 $s=0.01,\bar{A}=-0.1268,\bar{B}=0.01,\lambda=0.7596,\alpha_0=1,\beta=0.2322,\gamma=-1.01,\delta=0.4121$

表 4.4.1 H 的绝对误差

s	η				
	12	24	36	48	60
-0.01	0.0064	0.0013	0.0135	0.0007	0.0073
0.01	0.0041	0.0044	0.0131	0.0416	0.0014

注：H 的绝对误差为 $|NH-H|$，保留四位小数，这里 NH 表示 H 的数值解的值。

表 4.4.2 G 的绝对误差

s	η				
	20	40	60	80	100
-0.01	0.0239	0.0259	0.0002	0.0194	0.0101
0.01	0.0134	0.0362	0.0099	0.0093	0

注：G 的绝对误差为 $|NG-G|$，保留四位小数，这里 NG 表示 G 的数值解的值。

从图像可以看出边界层厚度随着时间的变化呈现衰减的趋势,并最终变为 0。并且,温度分布也随着时间的演变趋近于均匀。从表 4.4.1 和表 4.4.2 可以看出,渐近解精度很高,绝对误差都小于 0.04。并且,该解的精确度随着自变量 η 趋于无穷提升得非常快。数值比对表明,该解在大范围和小范围内与数值解均有非常好的吻合度,即该解是非常精确的,特别是在大尺度的时候,误差基本小到可以忽略不计,这也表明本节采用的 HTR 方法在渐近分析中是非常有力的。

4.5　总结与展望

本章利用 HTR 方法系统研究了三类流体力学中无穷大旋转平板边界层问题的渐近解,分别是 Schlichting 边界层问题、高雷诺数边界层问题和冯·卡门边界层问题。这些问题的特点是非线性、高维数,以及复杂的边界条件。在处理复杂边界条件的非线性边界层问题时,充分利用边界条件来选择初始同伦方程,避免了初始方程选择不当造成的不收敛或者与数值结果不吻合的缺点。利用重正化方法并结合高度的技巧性的工作,本章求得了带有复杂边界条件的流体力学方程组描述的边界层问题的解析解,特别是,通过数值模拟发现,这些解析解与数值结果符合得非常好。这说明,该解析方法是非常精确和有效的。

对于利用基于泰勒展开的重正化方法处理变系数微分方程、随机微分方程以及延迟微分方程等还有待进一步研究。这些方程在模拟具有噪声或者滞后现象的实际问题时更自然,因此也值得人们研究其解的大范围性质。

第二个有待研究的问题是利用重正化方法分析更多具体的差分与离散系统的渐近性。最近,Liu 已经将 TR 方法和 HTR 方法完整地推广到了差分方程情形，基于 Newton-Maclaulin 展开建立了差分方程的重正化方法，并应用到若干离散问题上[68]。将这一理论应用到更广泛的离散系统问题是值得进一步研究的。特别是如果意识到传统的差分方程的渐近理论非常复杂和困难，基于泰勒展开的重正化方法更值得关注和深入研究。

基于泰勒展开的重正化方法不仅可以求出微分与差分方程的渐近解，还可以用来研究约化方程、不变流形等，例如非线性波动的远场渐近性分析。事实上，只要涉及从复杂系统提取慢变量的问题，就可以考虑利用这一重正化方法进行研究。

参考文献

［1］ ABLOWITZ M J，CLARKSON P A. Soliton，Nonlinear Evolution
Equation and Inverse Scattering［M］. Cambridge：Cambridge Univ.，1991.

［2］ 谷超豪，胡和生，周子翔.孤立子中的 Darboux 变换及其几何应用［M］.
上海：上海科技出版社，1999.

［3］ OTWINOWSKI M，PAUL R，LAID W G. Exact travelling wave
solutions of a class of nonlinear diffusion equations by reduction to a
quadrature［J］. Physics Letter A.，1988，128：483 − 489.

［4］ LIU S K，FU Z T，LIU S D，et al. Expansion method about the Jacobi
elliptic function and its applications to nonlinear wave equations［J］.
Acta Phys Sin.，2001，50：2062 − 2067.

［5］ WANG M L，ZHOU Y B，LI Z B. Application of a homogeneous
balance method to exact solutions of nonlinear equations in mathem
atical physics［J］. Physics Letters A.，1996，216：67 − 75.

［6］ 徐桂琼，李志斌.扩展的混合指数方法及应用［J］.物理学报,2002(7)：23 − 26.

［7］ LIU C S. Applications of complete discrimination system for polynomial
for classifications of traveling wave silutions to nonlinear differential
equations［J］. Computer Physics Communications，2010 (181)：317 − 324.

［8］ 刘成仕.试探方程法及其在非线性发展方程中的应用［J］. 物理学报,

2005，54(6):2505－2509.

[9] LIU C S. The renormalization method based on the Taylor expansion and applications for asymptotic analysis [J]. Nonlinear Dynamics, 2017，88(2):1099－1124.

[10] LIU C S. The renormalization method from continuous to discrete dynamical systems: asymptotic solutions, reductions and invariant manifolds[J]. Nonlinear Dyn. , 2018，94: 873－888 .

[11] WANG C Y. The Exact traveling wave solutions to the $K(1, 2)$ equation[J]. Far East Jorunal of Applied Mathematics, 2012，73: 109 －112.

[12] WANG C Y. The classification of the single traveling wave solutions to the $K(m, n)$ equation for $m=1$ and $n=3$[J]. Applied Mathematical and Computational Sciences, 2013，4: 169－173.

[13] WANG C Y. The exact travelling wave solutions to the $K(3, 2)$ equation [J]. Journal of Mathematical Sciences: Advances and Applications, 2013，19:35－42.

[14] WANG C Y. The construction of exact solutions to a nonlinear equation with high order nonlinear term [J]. Advances and Applications in Mathematical Sciences, 2013，12: 289－296.

[15] WANG C Y, GUAN J, WANG B Y. The classification of single traveling wave solutions to the Camassa-Holm-Degasperis-Procesi equation for some values of the convective parameter[J]. Pramana. - Journal of Physics, 2011，77: 759－764.

[16] MURRAY J D. Lectures on nonlinear differential equations models in biology[M]. London:Oxford University Press, 1977.

[17] 王春艳. 基于重正化方法的非线性微分方程的渐近解[D]. 吉林:吉林大学,2018.

[18] 柯朗, 希尔伯特. 数学物理方法:第 1 卷[M]. 钱敏,郭敦仁,译. 北京:科学出版社,2011.

[19] EBADI G, JOHNSON S, ZERRAD E, et al. Solitons and other nonlinear waves for the perturbed Boussinesq equation with power law nonlinearity[J]. Journal of King Saud University-Science, 2012, 24(3):237 - 241.

[20] AVELAR A T, BAZEIA D, CARDOSO W B. Solitons with cubic and quintic nonlinearities modulated in the space and time[J]. Physical Review E Statistical Nonlinear and Soft Matter Physics, 2008, 79(2): 025602.

[21] WANG C Y. The analytic solutions of Schrödinger equation with Cubic-Quintic nonlinearities[J]. Results in Physics, 2018, (10): 150 - 154.

[22] SCHLICHTING S. Boundary layer theory[M]. Oxford: Pergamon Press, 1995: 75.

[23] WANG C Y, GAO W J. Asymptotic analysis of reduced navier—Stokes equations by homotopy renormalization method[J]. Reports on Mathematical Physics, 2017, 80(1):29 - 37.

[24] RASMUSSEN H. High Reynolds number flow between two inflnite

rotating disks[J]. Journal of the Australian Mathematical Society, 1971, 12(4):483 − 501.

[25] LAI C Y, RAJAGOPAL K R, SZERI A Z. Asymmetric flow above a rotating disk[J]. Journal of Fluid Mechanics, 2006(157):471 − 492.

[26] WANG C Y . Asymptotic analysis to Von Kármán swirling-flow problem[J]. Modern Physics Letters B. , 2019, 25(33):1950298.

[27] 杨路,侯晓荣,曾振炳. 多项式完全判别系统[J]. 中国科学 E, 1996, (39):424 − 441.

[28] LIU C S. The classification of traveling wave solutions and superposition of multi-solution to Camassa-Holm equation with dispersion [J]. Chin. Phys. , 2007, 16 (7):1832 − 1837.

[29] LIU C S. Classification of all single traveling wave solutions to Calogero-Focas equation[J]. Commun. Theor. Phys. , 2007 (48):601 − 604.

[30] LIU C S. Representations and classification of traveling wave solutions to sinh-Gördon equation[J]. Commun. Theor. Phys. , 2008, 49:153 −158.

[31] KAI Y. The classification of the single travelling wave solutions to the variant Boussinesq equations[J]. Pramana, 2016(87): 59.

[32] LIU C S. The exact solutions to lienard equation with high-order nonlinear term and applications[J]. Fizika A. , 2009 (1):29 − 44.

[33] WANG D S, LI H B. Single and multi-solitary wave solutions to a class of nonlinear evolution equations[J]. J. Math. Anal. Appl. , 2008, 343(1): 273 − 298.

[34] YANG S. Classification of all envelope traveling wave solutions to (2+1)-dimensional Davey-Stewartson equation[J]. Modern Physics Letters B., 2010, 24 (3):363 - 368.

[35] LI J B, DAI H H. On the study of singular nonlinear traveling wave equations: Dynamical system approach[M]. Beijing: Science Press, 2007.

[36] 闫振亚. 复杂非线性波的构造性理论及其应用[M]. 北京:科学出版社,2007.

[37] 王春艳. 若干非线性偏微分方程精确解的研究[D]. 黑龙江:哈尔滨工业大学,2008.

[38] GELL-MANN M, LOW F E. Quantum Electrodynamics at Small Distances[J]. Phys. Rev., 1954, 95(5):1300 - 1312.

[39] GOLDENFELD N. Lectures on phase transitions and the renormalization group[M]. Reading, MA: Addison-Wesley, 1992.

[40] CHEN L Y, GOLDENFELD N, OONO Y, et al. Selection, stability and renormalization [J]. Physica A Statistical Mechanics and Its Applications, 1993, 204(1 - 4):111 - 133.

[41] PAQUETTE G C, CHEN L Y, GOLDENFELD N, et al. Structural stability and renormalization group for propagating fronts[J]. Physical Review Letters, 1994, 72(1):76.

[42] LEVINE H, SCHWINGER J. On the Theory of Diffraction by an Aperture in an Infinite Plane Screen[J]. Physical Review, 1948, 74 (8):958.

[43] SCHWINGER J. Quantum Electrodynamics. I. A Covariant Formulation

[J]. Physical Review, 1948,74(10):1439.

[44] FEYNMAN R P. A relativistic cut-off for classical electrodynamics[J]. Phys. Rev. , 1948, 74(8):939 – 946.

[45] BROWN L M, FEYNMAN R P. Radiative corrections to compton scattering[J]. Physical Review, 1952, 85(2):231 – 244.

[46] TOMONAGA S I, Oppenheimer J R. On infinite field reactions in quantum field theory[J]. Physical Review, 1948, 74(2):224 – 225.

[47] TOMONAGA S. On a relativistically invariant formulation of the quantum theory of wave fields[J]. Progress of Theoretical Physics, 2007, 3(2):101 – 113.

[48] DYSON F J. The electromagnetic shift of energy levels[J]. Physical Review, 1948, 73(73):617 – 626.

[49] DYSON F J. The S matrix in quantum electrodynamics[J]. Physical Review, 1997, 75(11):1736 – 1755.

[50] WILSON K G. The renormalization group and critical phenomena[J]. Journal of the Physical Society of Japan, 1983, 39(55):583 – 600.

[51] WILSON K G. Renormalization Group and Critical Phenomena. II. Phase-Space Cell Analysis of Critical Behavior[J]. Physical Review B, 1971, 4(9):3184 – 3205.

[52] GOLDENFELD N, MARTIN O, OONO Y. Intermediate asymptotics and renormalization group theory[J]. Journal of Scientific Computing, 1989, 4(4):355 – 372.

[53] GOLDENFELD N, MARTIN O, OONO Y, et al. Anomalous

dimensions and the renormalization group in a nonlinear diffusion process[J]. Physical Review Letters, 1990, 64(12):1361.

[54] GOLDENFELD N, OONO Y. Renormalisation group theory for two problems in linear continuum mechanics[J]. Physica A Statistical Mechanics and Its Applications, 1991, 177(1 - 3):213 - 219.

[55] KUNIHIRO T. A geometrical formulation of the renormalization group method for global analysis[J]. Japan Journal of Industrial and Applied Mathematics, 1997, 14(1):51.

[56] KUNIHIRO T, MATSUKIDAIRA J. Dynamical reduction of discrete systems based on the renormalization-group method[J]. Phys. rev. e, 1998, 57(4):4817 - 4820.

[57] EI S I, FUJII K, KUNIHIRO T. Renormalization-group method for reduction of evolution equations; invariant manifolds and envelopes[J]. Annals of Physics, 2000, 280(2):236 - 298.

[58] TU T, CHENG G, LIU J W. Anomalous dimension in the solution of a nonlinear diffusion equation[J]. Communications in Theoretical Physics, 2001, 36(11):617 - 619.

[59] TU T, CHENG G, LIU J W. Anomalous dimension in the solution of the modified porous medium equation[J]. Communications in Theoretical Physics, 2002, 37(6):741 - 744.

[60] TU T, CHENG G. Renormalization group theory for perturbed evolution equations[J]. Physical Review E Statistical Nonlinear and Soft Matter Physics, 2002, 66(2):046625.

[61] GUAN J, KAI Y. Asymptotic analysis to two nonlinear equations in fluid mechanics by homotopy renormalisation method[J]. Zeitschrift Für Naturforschung A, 2016, 71(9):863 – 868.

[62] KAI Y. Global solutions to two nonlinear perturbed equations by renormalization group method[J]. Physica Scripta, 2016, 91(2):025202.

[63] KAI Y. Exact solutions and asymptotic solutions of one-dimensional domain walls in nonlinearly coupled system[J]. Nonlinear Dynamics: 1 – 13.

[64] BIRKHOFF G D. General theory of linear difference equations[J]. Trans. Amer. Math Soc. , 1911, 12: 243 – 284.

[65] BIRKHOFF G D. Formal theory of irregular linear difference equations [J]. Acta Math, 1930, 54: 205 – 246.

[66] WONG R, LI H. Asymptotic expansions for second-order linear difference equations Ⅱ [J]. Stud. Appl. Math, 1992, 87:289 – 324.

[67] WANG Z, WONG R. Asymptotic expansions for second-order linear difference equations with a turning point[J]. Numer. Math. , 2003, 94: 147 – 194.

[68] LIU C S. Transient behavior of the solutions to the second order difference equations by the renormalization method based on Newton-Maclaurin expansion[J]. arXiv preprint arXiv:1709.02044, 2017.

[69] BRITTON N F. Reaction Diffusion Equations and Their Applications to Biology[M]. New York: Academic Press, 1986.

[70] WILLIAMS F A. Combustion theory[M]. Reading, MA:Addison-Wesley,

1965.

[71] TUCKWELL H C. Introduction to Theoretical Neurobiology, Cambridge Studies in Mathematical Biology[M]. Cambridge: CambridgeUniversity Press, 1988.

[72] COHEN H. Nonlinear diffusion problems[J]. Studies in Applied Mathematics, 1971, 7:27 – 64.

[73] FIFE P C, MCLEOD J B, The approach of solutions of nonlinear diffusion equations to travelling front solutions[J]. Arch. Ration. Mech. Anal. , 1977, 65: 335.

[74] ARONSON D G, WEINBERGER H F. Nonlinear diffusion in population genetics, combustion, and nerve pulse propagation [C]//Partial Differential Equations and Related Topics , Lecture Notes in Mathematics, 1975, 446: 5 – 49.

[75] BRAMSON M D. Maximal displacement of branching Brownian motion[J]. Comm. Pure Appl. Math. , 1978, 31: 531.

[76] AOKI K. Gene-culture waves of advance[J]. J. Math. Biol. , 1987, 25: 453.

[77] AMMERMAN A J, CAVALLI-SFORZA L L. Measuring the rate of spread of early farming[J]. Man. , 1971, 6: 674.

[78] AMMERMAN A J, CAVALLI -SFORZA L L, The Neolithic Transition and the Genetics of Populations in Europe[M]. Princeton: Princeton University Press, 1983.

[79] CANOSA J. Diffusion in nonlinear multiplicative media[J]. J. Math.

Phys. , 1969, 10: 1862.

[80] TYSON J J, FIFE P C. Target patterns in a realistic model of the Belousov-Zhabotinskii reaction[J]. J. Chem. Phys. 1980, 73: 2224 - 2257.

[81] BRICMONT J, KUPIAINEN A. Renormalization group for fronts and patterrs[J]. Progress in Mathematics, 1998,168:121 - 130.

[82] MARUNO K, BIONDINI G. Resonance and web structure in discrete soliton systems: the two-dimensional Toda lattice and its fully discrete and ultra-discrete analogues[J]. Journal of Physics A. Mathematical and General: A Europhysics Journal, 2004, 37(49):11819 - 11839.

[83] NAGASAWA T, NISHIDA Y. Mechanism of resonant interaction of plane ion-acoustic solitons[J]. Phy. Rev. A. , 1992, 46(6):3471 - 3476.

[84] ZHANG H Q, MENG X H, LI J, et al. Soliton resonance of the (2+1)-dimensional Boussinesq equation for gravity water waves[J]. Phy. Rev. A. Nonlinear Analysis Real World Applications, 2008, 9(3):920 - 926.

[85] ROUBÍEK T. Nonlinear Partial Differential Equations with Applications[J]. International, 2013, 153(2):xviii.

[86] NAHER H, ABDULLAH F A, AKBAR M A. The Exp-function method for new exact solutions of the nonlinear partial differential equations[J]. International Journal of Physical Sciences, 2011, 6 (29):6706 - 6716.

[87] TAGHIZADEH N, MIRZAZADEH M. The first integral method to some complex nonlinear partial differential equations[J]. Journal of

Computational and Applied Mathematics, 2011, 235(16):4871 - 4877.

[88] MOLATI M, RAMOLLO M P. Symmetry classification of the Gardner equation with time-dependent coefficients arising in stratified fluids [J]. Communications in Nonlinear Science and Numerical Simulation, 2012, 17(4):1542 - 1548.

[89] LI J, XU T, MENG X H, et al. Lax pair, Bäcklund transformation and N-soliton-like solution for a variable-coefficient Gardner equation from nonlinear lattice, plasma physics and ocean dynamics with symbolic computation [J]. Journal of Mathematical Analysis and Applications, 2007, 336(2):1443 - 1455.

[90] THEIS M, THALHAMMER G, WINKLER K, et al. Tuning the Scattering Length with an Optically Induced Feshbach Resonance[J]. Physical Review Letters, 2004, 93(12):123001.

[91] KIVSHAR Y S, AGRAWAL G P. Optical solitons: from fibers to photonic crystals[M]. New York: Academic Press, 2003.

[92] MALOMED B A. Soliton Management in Periodic Systems [M]. Berlin: Springer Science & Business Media, 2006.

[93] SERKIN V N, CHAPELA V M, PERCINO J, et al. Nonlinear tunneling of temporal and spatial optical solitons through organic thin films and polymeric waveguides[J]. Optics Communications, 2001, 192(3 - 6):237 - 244.

[94] SERKIN V N, HASEGAWA A. Novel soliton solutions of the nonlinear Schrödinger equation model[J]. Physical Review Letters,

2000，85(21):4502.

[95] SERKIN V N，HASEGAWA A. Soliton management in the nonlinear Schrödinger equation model with varying dispersion, nonlinearity, and gain[J]. Journal of Experimental and Theoretical Physics Letters, 2000，72(2):89－92.

[96] WU L，LI L，ZHANG J F，et al. Exact solutions of the Gross-Pitaevskii equation for stable vortex modes in two-dimensional Bose-Einstein condensates[J]. Physical Review A，2010，81(6):34－41.

[97] SERKIN V N，HASEGAWA A，BELYAEVA T L. Nonautonomous solitons in external potentials[J]. Physical Review Letters，2007，98 (7):074102.

[98] CHEN S，YI L. Chirped self-similar solutions of a generalized nonlinear Schrödinger equation model[J]. Physical Review E Statistical Nonlinear and Soft Matter Physics，2005，71(2):016606.

[99] PÉREZ V M. Similarity transformations for nonlinear Schrödinger equations with time-dependent coefficients[J]. Physica D Nonlinear Phenomena，2006，221(1):31－36.

[100] BELMONTE-BEITIA J，PÉREZ-GARCÍA V M，VEKSLERCHIK V，et al. Localized nonlinear waves in systems with time and space modulated nonlinearities[J]. Physical Review Letters，2008，100(16): 164102.

[101] PÉREZ-GARCÍA V M，TORRES P J，MONTESINOS G D. The Method of Moments for Nonlinear Schrödinger Equations：Theory

and Applications[J]. Siam Journal on Applied Mathematics，2007，67(4)：990 - 1015.

[102] H. 欧特尔，朱自强，钱翼稷，等. 普朗特流体力学基础[M]. 北京：科学出版社，2008.

[103] 朗道，栗弗席茨. 流体力学：上册[M]. 孔祥言，徐燕侯，庄礼贤，译. 北京：高等教育出版社，1983.

[104] 吴望一. 流体力学：上册[M]. 北京：北京大学出版社，1982.

[105] BACHELOR G K. An Introduction to Fluid Dynamics[M]. Cambridge：Cambridge University Press，1967.

[106] SU C H，GARDNER C S. Korteweg-de Vries Equation and GeneralizationsⅢ. Derivation of the Korteweg-de Vries Equation and Burgers Equation[J]. Journal of Mathematical Physics，1969，10(3)：536 - 539.

[107] GARDNER C S，GREENE J M，KRUSKAL M D，et al. Methods for solving the KOrteweg-De VRies equation[J]. Physical Review Letters，1967，19(9)：1095 - 1097.

[108] KÁRMÁN，T V. Uberminare und terbulence Reibung[J]. Zamm-Journal of Applied Mathematics，Mechanics，1921，1(4)：233 - 252.

[109] MARIÉ L，BURGUETE J，DAVIAUD F，et al. Numerical study of homogeneousdynamo based on experimental von Kármán typeflows[J]. Eur. Phys. J. B，2003，33：469 - 485.

[110] RASHIDI M M，POUR S A M，HAYAT T，et al. Analytic approximate solutions for steady flow over a rotating disk in porous

medium with heat transfer by homotopy analysis method[J]. Computers and Fluids, 2012, 54(8):1 - 9.

[111] ROTT N. Simplified Laminar Boundary-Layer Calculations for Bodies of Revolution and for Yawed Wings - Errata[J]. Journal of the Aeronautical Sciences, 2015, 19:553 - 565.

[112] BÖDEWADT U T. Die Drehstrmungöüber festem Grunde[J]. Zamm -Journal of Applied Mathematics :Zeitschrift Für Angewandte Mathematik Und Mechanik, 1940, 20(20):241 - 253.

[113] ROGERS M H, LANCE G N. The rotationally symmetric flow of a viscous fluid in the presence of an infinite rotating disk[J]. Journal of Fluid Mechanics, 1960, 7(4): 617 - 631.

[114] ZANDBERGEN P J, DIJKSTRA D. Non-unique solutions of the Navier-Stokes equations for the Karman swirling flow[J]. Journal of Engineering Mathematics, 1977, 11(2):167 - 188.

[115] PARTER S V, RAJAGOPAL K R. Swirling flow between rotating plates[J]. Archive for Rational Mechanics and Analysis, 1984, 86 (4):305 - 315.

后 记

 本书的大部分内容是我攻读硕士研究生、博士研究生期间完成的科研成果，以及近些年来学术上的一些收获。在本书完稿之际，我感慨良多，有着太多对身边人的感恩和珍惜，也有着对自己生命里程的追忆和检醒。

 感谢我攻读博士研究生期间的指导教师，吉林大学数学研究所应用数学系高文杰教授，感谢高老师将我纳入门墙，在我读博期间给予极大的指导与关爱，您的平易近人始终让我倍感温暖。

 感谢东北石油大学数学与统计学院贾辉书记、院长王玉学教授、副院长杨云峰教授一直以来对我在工作、学习、生活上的关心与帮助，让我能在这个强大的后盾下、优秀的氛围中、宽松的环境里始终坚持在科研的道路上走下去。

 特别要感谢的是，东北石油大学数学与统计学院非线性科学中心主任刘成仕教授和他的爱人东北石油大学外国语学院惠婧蕊教授。这一生，我最大的荣幸就是结识了这两位于我亦师、亦友、亦兄、亦姐的老师。刘老师具有深厚的理论功底、敏锐的科研洞察力，他是我学习的楷模。他们给我的不仅有科研上的指导与鼓励，更多的是家人般的关心和温暖。你们不计回报的帮助让我深深感恩，你们正直的品行、磊落的行事态度和点滴里的言传身教让我受益终身。

 还要感谢黑龙江省教育科学规划重点课题、黑龙江省省属本科高校基本科研业务费东北石油大学引导性创新基金、东北石油大学研究生教育创新工程项目的支持,让我在出版这本学术专著的过程中免去了资金的困扰,可以全力专注书稿的撰写,在此表示衷心的感谢。同时感谢西安交通大学出版社的编辑刘雅洁老师,从选题的申请、初稿的交付、排版、三审三校……整个流程下来将近两年的时间,我们一直沟通顺畅,刘老师为我的这部专著倾注了很多心血,也让我认识到了国家一级出版社、百佳出版社做事态度的认真和严谨。

最后,我要感谢我的家人。家是我最温暖的港湾,家人的关爱和支持是我前进的源源动力。家人们永远健康快乐是我最大的心愿!

还有很多在本书撰写、出版过程中给予了支持和帮助的人,在这里我就不一一列出了,请接受我最由衷的感谢!书稿出版在即,这期间,欢乐、忧伤、希望交替其中,好在我的身边一直有你们!

王春艳

2022 年 9 月